Roudabeh Malekzadeh

Vírus do papiloma humano

Roudabeh Malekzadeh

Vírus do papiloma humano

ScienciaScripts

Cover image: www.ingimage.com

This book is a translation from the original published under ISBN 978-620-6-77408-2.

Publisher:
Sciencia Scripts
is a trademark of
Dodo Books Indian Ocean Ltd. and OmniScriptum S.R.L publishing group

120 High Road, East Finchley, London, N2 9ED, United Kingdom
Str. Armeneasca 28/1, office 1, Chisinau MD-2012, Republic of Moldova, Europe
Printed at: see last page
ISBN: 978-620-8-02824-4

Em nome de Deus

Vírus do papiloma humano (HPV)

Autor:

Roudabeh Malekzadeh Davani
Mestrado em Genética
Universidade Azad Kazeroon

Correio eletrónico: malekzaderoudi@gmail.com

Índice

Capítulo 1

Generalidades Vírus do papiloma humano

Introdução

Os vírus do papiloma são vírus pequenos, sem envelope, importantes no mundo, que infectam os epitélios mucosos e cutâneos numa grande variedade e espécies que induzem a proliferação celular. São um grupo de pequenos vírus de ADN que causam tumores benignos (como verrugas e papilomas) no seu hospedeiro natural. Estes vírus estão muito disseminados e causam infecções em vertebrados superiores (incluindo mamíferos e aves). A lesão pode ser cutânea ou envolver o epitélio escamoso da mucosa da laringe, do esófago ou dos órgãos genitais. As infecções causam frequentemente lesões muito pequenas que, por vezes, nem sequer são visíveis a olho nu. Parece que a infeção tem de permanecer no hospedeiro durante muito tempo. Foram encontrados vários tipos de vírus em várias zonas da pele de seres humanos e animais saudáveis, o que indica uma infeção latente no hospedeiro. O enfraquecimento e a supressão do sistema imunitário nos seres humanos activam a infeção latente ou aumentam a probabilidade de reinoculação do vírus a partir de lesões activas, que produzirão lesões evidentes. Além disso, o contacto físico próximo pode, por vezes, quebrar a barreira das espécies e transmitir a infeção de uma para outra.

História do vírus do papiloma humano

Os romanos e os gregos conheciam as verrugas e identificaram a sua natureza infecciosa e, até ao século XIX, consideravam as verrugas genitais como uma forma de sífilis ou gonorreia. O vírus da verruga humana era bem conhecido no início do século XIX, quando as células foram isoladas de tecidos e mostraram a sua capacidade de transmitir doenças. Embora os papilomavírus humanos tenham sido identificados em diferentes espécies de vertebrados, incluindo os seres humanos, estes vírus são altamente específicos das espécies, e os papilomavírus de uma espécie não causam infeção noutra espécie. O primeiro papilomavírus animal foi identificado em 1930 por Richard Schopp, que demonstrou a transmissibilidade do papilomavírus em coelhos de cauda de algodão. Atualmente, o papilomavírus é designado por Cotton Tail Rabbit Papillomavirus (CRPV), que foi proposto como o primeiro ADN do vírus indutor de tumores, no qual algumas verrugas obtidas a partir do vírus podem tornar-se malignas. O CRPV em coelhos tem sido utilizado há muito tempo como modelo para a tumorigénese viral. A incapacidade de cultivar o CRPV em células levou à sua substituição por poliovírus, que foram descobertos no final da década de 1950. Estes vírus podem multiplicar-se em células cultivadas e induzir a sua transformação morfológica e tumorigénese em animais de laboratório. Avanços significativos na clonagem molecular na década de 1970 levaram a novas descobertas sobre os papilomavírus. A correspondência do genoma do vírus levou ao reconhecimento das caraterísticas biológicas e bioquímicas do vírus. Estudos sobre o genoma deste vírus mostraram que várias espécies do vírus podem infetar um hospedeiro específico. Os cientistas concluíram também que este vírus está ligado a alguns cancros, como o cancro do colo do útero. Alguns papilomavírus são perigosos para os seres humanos e causam muitos cancros do colo do útero e outros tumores epiteliais. O vírus da verruga humana foi descoberto há mais de 90 anos por uma pessoa chamada Ciuffo. O primeiro papilomavírus foi identificado em 1933. Quando Richard Schopp identificou o CRPV como o agente da papilomatose cutânea no coelho de cauda de algodão, não foi possível efetuar estudos sobre este grupo de vírus devido à falta de cultura de células. No final da década de 1970, o genoma dos papilomavírus foi clonado em bactérias e permitiu a realização de estudos moleculares sobre estes vírus. As sequências do genoma dos papilomavírus foram examinadas na década de 1980. O papilomavírus bovino foi selecionado como modelo para estudos moleculares sobre os papilomavírus.

Classificação dos vírus

Os papilomavírus, juntamente com os poliovírus e os agentes formadores de vacúolos (SV40), foram classificados na família papovaviridae. No entanto, foram recentemente classificados numa família separada denominada papilomaviridae. Estes vírus encontram-se em todos os ramos dos animais, mas são muito específicos da espécie. Os papilomavírus são vírus não-líticos que infectam o epitélio escamoso e causam papilomas ou verrugas. As lesões causadas por estes vírus podem ser cutâneas ou no epitélio escamoso da mucosa. O genoma do papilomavírus humano (HPV) nas verrugas genitais foi descoberto pela primeira vez no laboratório de Harald Zur Hausen. Utilizando ADN viral como hibridação de sondas numa situação relativamente difícil, Zur Hausen conseguiu detetar sequências de HPV no tecido do cancro do colo do útero. Foram dados grandes passos para identificar diferentes tipos de HPV, pelo que, até à data, foram identificados mais de 200 tipos de HPV. Esta família tem cerca de 12 géneros, 5 dos quais infectam o ser humano, e cada um deles é identificado por letras gregas alfabéticas. Os papilomas são vírus que infectam o homem e que se dividem nas seguintes categorias. Alguns tipos de HPV podem causar verrugas, que não causam cancro, e outros que causam cancro não causam verrugas. Outros tipos não causam quaisquer sintomas e são inofensivos. A maioria das pessoas infectadas com HPV não sabe que está infetada.

Tabela 1)- Genes do papilomavírus que causam infeção nos seres humanos.

1-Alfa Papilomavírus
2-Beta Papilomavírus
3-Gama Papilomavírus
4-Mu Papilomavírus
5-Nu Papilomavírus

Os números no final de cada ramo indicam o tipo de HPV, os números C indicam o tipo de HPV candidato. Todas as outras abreviaturas referem-se a diferentes tipos de papilomavírus animal. Consultar a Tabela 3 para o significado de cada uma. Os símbolos semicirculares mais exteriores representam o género de papilomavírus, por exemplo, o símbolo semicircular da espécie alfa-papilomavírus indica a espécie de papilomavírus. Por exemplo, a partir do topo da figura, os tipos de HPV 7, 40, 43 e cand91 formam o HPV da espécie 8 no género alfa-papilomavírus.

Cerca de 30-40 tipos de HPV são normalmente transmitidos através do contacto sexual e de órgãos genitais infectados. Alguns HPVs transmitidos sexualmente podem causar verrugas genitais. A infeção persistente com tipos de HPV de alto risco que não os tipos que causam verrugas pode progredir para cancros pré-cancerosos e invasivos. A infeção por HPV causa cancro do colo do útero em quase todos os casos, mas a maioria das infecções com estes tipos não causa a doença. 70% das infecções por HPV afectam as mulheres num ano e 90% em 2 anos. O exame Papanicolau é utilizado para identificar células anormais que podem evoluir para cancro. Embora o exame de Papanicolau tenha reduzido a incidência e a mortalidade do cancro do colo do útero nos países desenvolvidos, em 2008 ocorreram 11000 casos e 3900 mortes nos Estados Unidos, e esta taxa é de 490000 casos e 270000 mortes em todo o mundo.

Estrutura do vírus

Os papilomavírus são vírus pequenos, não revestidos e contendo ADN de 20 lados que se multiplicam no núcleo das células epiteliais escamosas. Estas partículas têm um coeficiente de deposição de 300. Tem um diâmetro de 52 a 55 nanómetros e um ADN circular de cadeia dupla com cerca de 8000 pb de tamanho, com um capsídeo de 72 capsómeros, e os capsómeros estão dispostos em dois estados: hexona e pantona. O capsídeo do papilomavírus tem duas proteínas estruturais. A principal proteína do capsídeo é a L1, que tem um peso molecular de KD55 e contém aproximadamente 80% da proteína total do vírus. Tem outra proteína chamada L2, que pesa cerca de KD70. Ambas as proteínas são codificadas por um vírus. As partículas semelhantes a vírus (VLP) são derivadas de diferentes papilomavírus que expressam L1 ou L1 e L2 utilizando sistemas hospedeiros. Embora a L2 não seja necessária para a VLP, é expressa para alinhamento com a L1.

Estrutura genómica

O ADN viral liga-se às histonas celulares e forma um complexo semelhante à cromatina. A organização genómica de todos os papilomavírus é muito semelhante. Todas as LORFs estão localizadas numa única cadeia de ADN e apenas uma cadeia é transcrita. A cadeia codificante de todos os papilomavírus contém cerca de 10 ORFs, que são classificadas como ORFs tardias e precoces com base na sua localização no genoma.

Quadro 2) Função das ORFs do papilomavírus

ORF	Função
L1	Proteína L1, a principal proteína que forma o capsídeo
L2	Proteína L2, a proteína secundária que forma o capsídeo
E1	Início da replicação do ADN viral.
E2	Proteína reguladora da transcrição com outra função na replicação.
E3	Função desconhecida.
E4	Proteína citoqueratina (entre as proteínas iniciais, é produzida mais tarde).
E5	Proteína transformadora da membrana que interage com os receptores dos factores de crescimento.
E6	Proteína transformadora de todos os tipos de vírus que têm como alvo a proteína P53.

E7	Proteína transformadora de todos os tipos de vírus que se liga à proteína do retinoblastoma.
E8	Função desconhecida

A região precoce do genoma viral é expressa apenas em células com infeção não vegetativa, bem como em células transformadas, e codifica proteínas reguladoras virais (tais como as proteínas necessárias para iniciar a replicação do ADN viral). As ORFs L1 e L2, localizadas na região tardia, codificam proteínas do capsídeo viral e são expressas apenas em células com infeção vegetativa. No genoma de todos os papilomavírus, existe uma região especial que não possui uma ORF específica. Esta zona é designada por diferentes nomes, tais como: Região de Controlo Longa (LTR), Região Não Codificadora (NCR) e Região Reguladora a montante (URR).

O genoma do HPV contém ADN circular de cadeia dupla com cerca de 8000 pb. A figura A mostra o mapa genético do HPV16. Figura B. O genoma de ADN do HPV encontra-se nas células do cancro do colo do útero, frequentemente ligado ao cromossoma do hospedeiro. A figura B apresenta três amostras de ARNm típicos do HPV.

Replicação do vírus

Os papilomavírus são altamente específicos da espécie e têm tendência para as células epiteliais escamosas. Estes vírus causam tumores epiteliais escamosos e fibroepiteliais no seu hospedeiro natural. Uma vez que a célula basal é a única célula do epitélio escamoso com capacidade de divisão, o vírus tem de infetar as células basais para se manter estável. A expressão genética tardia, a síntese da proteína caspid e a formação de viriões ocorrem apenas em células epiteliais escamosas totalmente diferenciadas. As principais proteínas da caspide viral (L1) só podem ser detectadas na camada celular mais superficial da verruga. A síntese de ADN viral também está relacionada com a diferenciação celular e ocorre apenas em queratinócitos em diferenciação. Estudos com papilomavírus genitais mostraram que múltiplos promotores estão envolvidos na produção de diferentes mRNAs. No HPV-31, o P97 é o promotor ativo e principal em células diferenciadas não terminais. Este promotor controla a expressão de E6 e E7 em muitos outros produtos genéticos iniciais. Após a diferenciação dos queratinócitos imortais que transportam o ADN epissomal do HPV-31, o promotor tardio P742 é ativado. Este promotor dirige a expressão de produtos de genes tardios, incluindo L2, L1 e E4, e também aumenta o nível de L1mRNA. Os papilomavírus são classificados em grupos de alto risco e de baixo risco com base na sua capacidade de progredir para malignidade. Estes dois grupos diferem na estrutura do ARNm E7 e E6, bem como na forma como são expressos. Nos papilomavírus de alto risco, como o HPV-16 e o HPV-18, um promotor dirige a síntese dos mRNAs E6 e E7, enquanto nos papilomavírus de baixo risco, como o HPV-6 e o HPV-11, os genes E6 e E7 são expressos a partir de dois promotores separados.

Encadernação, entrada e saída

O primeiro passo de uma infeção viral é a ligação do virião à célula. Os papilomavírus podem ligar-se a diferentes células, pelo que a tendência destas células para um recetor específico não depende da superfície celular. Os receptores aos quais os papilomavírus se ligam não são bem conhecidos. A integrina 6α foi introduzida pela primeira vez como um recetor. Estudos recentes demonstraram que a expressão da integrina 6α em células que não possuem este recetor é suficiente para ligar o papilomavírus à célula. A integrina 6α liga-se à subunidade β da integrina (1β ou 4β) na superfície celular. A integrina 1β 6α é expressa num grande número de células, tais como plaquetas, linfócitos e células endoteliais, enquanto a integrina 4β 6α é expressa num número limitado de células epiteliais, células mesenquimatosas e neurónios. Os papilomavírus podem ligar-se tanto a células que têm 1β 6α na sua superfície como a células que têm 4β 6α na sua superfície, mas o maior número deles liga-se a células que têm 4β 6α na superfície. Estes vírus também se podem ligar à heparina e aos glicosaminoglicanos na superfície dos queratinócitos humanos. Foram realizados muitos estudos sobre o mecanismo através do qual o papilomavírus entra na célula e a sua entrada no núcleo e o seu desacobertamento. Em estudos sobre o papilomavírus bovino tipo 1 (BPV-1), a absorção do virião dura 90 minutos e a partícula do vírus é transferida para o fagossoma. Embora a ligação à membrana plasmática e a absorção do virião em grandes vesículas citoplasmáticas possam ser observadas por microscopia eletrónica, não é possível observar um virião completo no núcleo de uma célula infetada, a menos que as proteínas L1 e L2 sejam coradas com um corante fluorescente. Isto indica que o colapso do virião ocorre no citoplasma e que as proteínas L1 e L2 podem deslocar-se para o núcleo através de sinais nucleares.

Replicação do genoma viral

Existem dois métodos de replicação do ADN no caso dos papilomavírus. A replicação primária observada nas células da camada inferior da pele, incluindo as células basais e os fibroblastos no fibropapiloma, a replicação do ADN é feita sob a forma de proliferação de plasmídeos. Outro tipo de replicação é a replicação vegetativa que ocorre em células epiteliais mais diferenciadas.

Replicação de plasmídeos

Esta replicação tem lugar na parte inferior da epiderme e nas células basais. Aqui, o ADN é replicado sob a forma de plasmídeo, que é extracromossómico, ou seja, existem várias cópias do mesmo nas células e a replicação do plasmídeo ocorre apenas uma vez em cada ciclo celular e o ADN viral está persistentemente presente nas células estaminais epidérmicas. A replicação do plasmídeo é efectuada em duas fases, que incluem as fases de estabelecimento e de manutenção.

A) Fase de estabelecimento

Aqui, o ADN viral multiplica-se para 50-100 cópias por célula. O genoma viral permanece fixo como epizoma.

B) Fase de manutenção

Aqui, o ADN viral permanece fixo, o que é realizado por vários factores:

A sequência de manutenção do plasmídeo (PMS), que é uma sequência num cromossoma viral, mantém as cópias virais fixas, o que significa que o número de moléculas de ADN que são plasmídeos permanece fixo.

- Sequências de reforço que actuam como Cis.

- O produto dos primeiros genes virais denominado proteína E (E1-E8).

As células transformadas de roedores são um bom modelo para estudar estas duas fases. Nas fases iniciais da infeção celular com papilomavírus, o genoma viral pode replicar-se num curto espaço de tempo. Depois, entra na fase de manutenção e, em cada divisão celular, o genoma do vírus é replicado uma vez. Alguns acreditam que a replicação do tipo plasmídeo na fase de manutenção não depende do ciclo celular, mas a replicação ocorre quase uma vez em cada divisão celular, mas o principal mecanismo de replicação do genoma na fase de manutenção ainda não é conhecido

Replicação vegetativa

A replicação do ADN dos papilomavírus tem de entrar na fase vegetativa para produzir um genoma de vírus suficiente para empacotar e formar um novo virião. Trata-se de um processo que ocorre muito frequentemente em células altamente diferenciadas como os queratinócitos. Até à data, o mecanismo de replicação vegetativa ainda não foi clarificado. Este mecanismo pode ser regulado por factores de diferenciação das células dos queratinócitos, ou a quantidade de E1 e E2 pode desempenhar um papel neste processo, ou a interação entre os factores celulares e E1 e E2 em diferentes fases da diferenciação dos queratinócitos pode alterar a replicação da forma plasmídica ou mudar a manutenção para a forma vegetativa. Estudos mostram que tanto as proteínas E1 como E2 desempenham um papel nesta forma de replicação. Existe muito pouca informação sobre a formação e libertação de vírus produzidos a partir de células infectadas. As partículas virais encontram-se na camada granular do epitélio e são libertadas ou permanecem com elas com a queda do queratinócito completamente queratinizado.

Ponto de partida da replicação

O ponto de partida da replicação situa-se na região LCR do genoma do vírus. Para iniciar a replicação dos papilomavírus, são necessários elementos Cis nos genomas E1 e E2 como elementos Trans. In vitro, a região mínima necessária é o início da replicação dos nucleótidos 7911-7927, que é uma região rica em A + T e é o local onde E1 e E2 se ligam. O local de início da replicação é sequenciado em muitos papilomavírus. No caso do HPV, as proteínas E1 e E2 são necessárias para a replicação, mas no caso do BPV-1, a proteína E1 é suficiente.

Ciclo de vida do papilomavírus humano

Os genes virais são divididos em precoces e tardios, dependendo do momento em que são expressos. No início da infeção, as transcrições monocistrónicas resultantes do splicing codificam o ARN transcrito a partir do promotor precoce E7, E6, E1 e E2. Na fase reprodutiva do ciclo de vida do vírus, o promotor tardio do vírus é ativado em resultado da elevada taxa de tradução das proteínas E5, E4, E2 e E1, e são produzidas as proteínas L1 e L2 do capsídeo. A região reguladora a montante dos genes precoces, denominada região URR ou LCR, está envolvida na regulação da expressão dos genes virais. O tamanho da URR é de 1 kb e inclui pontos de ligação para muitos factores de transcrição, como SP-1, OCT e YY1, e cada um destes factores pode estar positiva ou negativamente envolvido na regulação. O ciclo de vida do papilomavírus está fortemente associado à diferenciação das células epiteliais. Quando as células se dividem na camada basal, uma das células filhas migra para cima e começa a diferenciar-se, enquanto a outra célula permanece na camada basal. Depois de deixar a camada basal, as células começam a diferenciar-se e a formar moléculas de creatina de elevado peso. À medida que a diferenciação progride, a creatina acumula-se na célula e a cobertura nuclear divide-se, a função celular pára e actua como sacos cheios de creatina. Durante a infeção pelo HPV, as proteínas virais retiram as células do ciclo celular normal para que possam proliferar. Este virião infecta primeiro a camada basal e entra na célula através do recetor.

Durante a migração para o núcleo, o genoma assume a forma de epissoma e os promotores iniciais do HPV são activados. Nestas células infectadas, a síntese de ADN viral é limitada a 50 a 100 cópias, que é realizada episomicamente no núcleo de cada célula. Quando a célula basal se divide, o genoma episómico do HPV também se multiplica e espalha-se entre as células filhas. Uma das células filhas infectadas com as camadas epiteliais migra e começa a diferenciar-se, embora permaneça ativa no ciclo celular. À medida que as células HPV-positivas se diferenciam, os promotores tardios são activados e são produzidos produtos de genes tardios. Nesta fase, em que se inicia a fase vegetativa do ciclo de vida do HPV, são feitas muitas cópias do genoma viral. Na camada superior do epitélio, o ADN viral é empacotado em novos capsídeos e novos viriões são libertados da célula. Uma vez que a amplificação do HPV depende principalmente do sistema reprodutivo da célula hospedeira, a capacidade de sintetizar ADN nas camadas epiteliais superiores permanece intacta.

Transcrição

Foram identificadas mais de 20 espécies de ARNm em células transformadas de roedores. A transcrição do papilomavírus é muito complexa devido à presença de diferentes promotores e a diferentes padrões de produção de diferentes ARNm em diferentes células. O seu mapa de transcrição é apresentado na Figura 1-6. Por vezes, espécies conhecidas de ARN são encontradas em pequenas quantidades e coloca-se a hipótese de existirem outras espécies de ARN. A maioria das espécies de ARN na verruga utiliza um local de poliadenilação no nucleótido 4180, que se encontra a jusante dos genes precoces, e este é o único local de poliadenilação na célula transformada.

Nas células transformadas, os mRNAs virais codificam factores envolvidos na replicação do plasmídeo, na regulação da transcrição e na transformação. Nas células com infeção proliferativa, observa-se outro grupo de mRNAs que utilizam o sinal de poliadenilação localizado na posição 7156, a jusante das ORFs L1 e L2. Os ARNs que utilizam este local de poliadenilação tardia encontram-se apenas em queratinócitos que se encontram nas fases finais de diferenciação e não estão presentes em células transformadas com infeção não germinal. Seis promotores transcricionais do papilomavírus bovino tipo 1 estão activos em células transformadas. Estes promotores também estão activos nas células infecciosas. No BPV-1, o promotor mais importante é o P89. Seis promotores que estão activos nas células transformadas incluem P89, P890, P2443, P3080, P7185 e

P7940. O promotor P250 é o principal promotor tardio e está principalmente ativo em queratinócitos infecciosos. Foram identificados vários promotores nos tipos 11, 16 e 18, mas, entre estes promotores, apenas o promotor P97 foi bem estudado.

Proteínas virais

Diferentes mRNAs são transcritos a partir das ORFs identificadas no genoma do HPV em diferentes fases da infeção das células epiteliais em diferentes níveis de diferenciação celular que podem ser encontrados nas células infectadas. As ORFs do HPV são designadas por E1 a E8, L1 e L2, que contêm todos estes mRNAs.

Proteína E1

Esta proteína está envolvida no início da replicação do ADN viral. Estudos demonstram que a replicação plasmídica do genoma do vírus depende da expressão das proteínas E1 e E2. A E1 é a única proteína que está diretamente envolvida na replicação plasmídica do ADN viral. A E1-ORF é a maior ORF dos papilomavírus humanos e, entre todos os papilomas, esta ORF está altamente protegida. A E1 é estruturalmente semelhante à proteína LTAg do vírus SV40, que é uma proteína essencial para a replicação do vírus. Estas semelhanças incluem as propriedades das caraterísticas de helicase e ATPase e a ligação ao ADN. Estas semelhanças indicam que a ação mais comum da proteína E1 é a de iniciar a replicação do ADN viral. A E1 do BPV-1 é uma fosfoproteína nuclear de 68 kDa que se liga especificamente ao local de início da replicação. A E1, por si só, tem uma fraca tendência para se ligar ao local de replicação, mas quando forma um complexo com a E2, essa tendência aumenta acentuadamente. A E1 pode ligar-se ao ATP e hidrolisá-lo e também tem atividade helicoidal. A E1 também reage com a subunidade alfa da polimerase P180, que pode ser necessária para iniciar a replicação. Uma proteína chamada E2 com um peso molecular de 3 kDa é também codificada a partir da E1-ORF, para além da E6, que é uma proteína de 8 kDa. Encontra-se em células transformadas com BPV-1, mas o seu papel específico ainda não é conhecido.

Proteína E2

O E2 é uma proteína reguladora e tem o papel de regular a transcrição e a replicação dos genes virais nos papilomavírus. O produto do gene 2 é conhecido como um ativador da transcrição que ativa os elementos de resposta no genoma viral. Duas regiões do E2 estão altamente protegidas nos papilomavírus, a região que se liga a duas sequências específicas de ADN e a outra região que está envolvida na dimerização da proteína. A distância entre estas duas regiões é diferente nos diferentes papilomavírus e também o seu tipo de aminoácidos é diferente nos diferentes papilomavírus. A E2 liga-se à sequência ACC (N) 6 GGT e controla os promotores que têm esta sequência para transcrição. A proteína E2 liga-se a esta sequência a partir do terminal carboxílico. A E2 pode ativar ou suprimir a expressão de um gene ligando-se à sua própria sequência. Até à data, foram identificados três tipos de E2. A forma completa do E2 é designada por E2TA. Existem dois outros tipos de E2 que são mais curtos do que o E2TA, denominados 2.8 e E2TA. Estes dois tipos de E2 podem suprimir a transcrição de E2TA. O 2.8 e o E2TA têm sítios de ligação ao ADN, mas não têm a região de ativação do promotor e podem impedir a transcrição completa do genoma. Há um potenciador dependente de 2 no LCR chamado E2RE1, que tem quatro regiões com alta tendência para se ligar ao E2 e está localizado a montante do promotor P98. Para além do E2, pode ativar outros promotores. A regulação da transcrição de E2 nos HPV de tipo 16 e 18 foi bem estudada. O local de ligação destes vírus é também a sua região LCR. Os genes 6 e 7 são controlados pelo promotor P97 no tipo 16 e pelo promotor P105 no tipo 18. Para além destes promotores, o E2 ativa também outros promotores. No estudo da expressão basal dos genes 6 e 7, verificou-se que o produto E2TA pode inibir a expressão basal destes genes. A supressão da transcrição ocorre quando a proteína mencionada se liga ao sítio próximo de TATA. Este comportamento duplo do E2 depende também do estádio de diferenciação dos queratinócitos. A ligação do E2 a esse sítio provavelmente interfere na formação do complexo iniciador da transcrição. Em queratinócitos não atenuados que dependem da expressão de E6 / E7, o E2 pode reduzir a imortalidade do HPV-16. O E2 também pode inibir o crescimento e a proliferação de linhas celulares positivas para o HPV. O papilomavírus selvagem tem baixa capacidade de tornar os queratinócitos imortais, mas quando ocorre em duas mutações, essa capacidade aumenta 15 vezes. Estes resultados indicam que o E2 pode desativar o promotor P97 quando se liga perto do promotor. No entanto, a capacidade de suprimir a imortalidade não pode ser atribuída apenas ao E2, porque quando ocorre uma mutação no E1, a imortalidade do papiloma aumenta. Para além do seu papel na transcrição, o E2 também desempenha um papel na replicação juntamente com o E1. Quando E1 forma um complexo com E2, E1 tende a ligar-se ao local de replicação.

Proteína E4

A ORF-E4 está localizada na região precoce, mas é expressa juntamente com os genes tardios. Pode estar envolvida na replicação e produção de papilomavírus. Esta proteína sobrepõe-se completamente à ORF-E2, mas tem uma estrutura de leitura diferente e sintetiza uma proteína completamente diferente da E2. Em geral, o gene E4 não está muito protegido entre os papilomavírus. Nas lesões causadas por papilomavírus, é transcrito em camadas de células completamente diferenciadas. Foram identificados vários mRNAs para o E4 no HPV. O E4 também se encontra no núcleo das células infectadas e pode estar envolvido no ciclo de replicação do vírus no núcleo. O E4 não se encontra nas partículas virais. As mutações na E4 indicam que esta proteína não tem qualquer papel na transformação celular e na replicação do ADN viral. O papel da E4 ainda não foi completamente identificado. Foram identificados pelo menos 5 tipos de E4 no BPV-1. Os tipos de E4 podem ter funções diferentes.

Proteína E5

A ORF da proteína E5 está altamente protegida entre os papilomavírus que causam fibropapiloma e, em cultura celular, esta proteína pode transformar células de roedores. A E5 pode desempenhar um papel importante na suscetibilidade do vírus aos fibroblastos in vitro.

Estudos sugerem que a E5 pode transformar células como a NIH3T3. O papel dos papilomavírus E5 ainda não foi esclarecido, mas esta proteína pode transformar queratinócitos epidérmicos de ratos. Esta proteína também pode aumentar a proliferação de queratinócitos humanos e estimular a síntese de ADN celular através do efeito do fator de crescimento epidérmico EGF. A E5 não é expressa em muitas células cancerosas causadas pelo papilomavírus. A E5 estimula provavelmente a proliferação celular e pode estar envolvida no desenvolvimento de tumores ou no início do processo de carcinogénese.

Proteína E6

A E6 é uma proteína curta e é difícil trabalhar com ela porque não está isolada na forma solúvel e natural. Tem uma estrutura que contém a estrutura secundária de α-hélice e β-placas. Esta estrutura faz com que o E6 seja uma proteína insolúvel e instável. As provas laboratoriais sugerem que os vírus E6 aceleram a degradação da proteína p53 com um elevado risco de patogenicidade, tendo também sido demonstrado que os vírus E6 têm um efeito sobre a p53 intracelular. A taxa de p 53 é 2 a 3 vezes inferior nas células imortalizadas pelo E6 ou nas células cancerosas HPV-positivas em comparação com as células normais. A meia-vida da p53 nos queratinócitos que expressam E6 é reduzida de 3 horas para 20 minutos. Nas células normais, quando ocorre a degradação do ADN por factores como os raios gama, o 53p intracelular aumenta drasticamente. Nas células em que o E6 é expresso, não se observa uma resposta celular dependente de p-53 aos danos no ADN. Isto indica a capacidade do E6 para destruir o p53 na célula. Se o ADN for danificado, a degradação do p53 é estimulada pelo E6 e o controlo do p53 não é aplicado na regulação negativa do crescimento celular, resultando em instabilidade. Nos papilomavírus com elevado risco de patogenicidade, quando é expressa na ausência de E6, a proteína E7 aumenta significativamente a taxa de p53, fazendo com que a célula progrida para a apoptose.

A E6 dos papilomavírus de alto risco reage com várias proteínas que contêm a segunda PDZ, formando complexos com a E6AP para as degradar pelo proteasoma. As E6 dos papilomavírus de baixo risco não contêm partes de ligação PDZ, pelo que não podem ser alvo destas proteínas. Além disso, o E6 pode substituir funcionalmente o recetor do fator 1 semelhante à insulina, que inibe a apoptose induzida pela estafurosporina em fibroblastos de ratos. O E6 impede que as células cancerosas sejam induzidas pela apoptose induzida por Bak. Vários estudos indicaram que o E6 se liga ao TNF R1 e impede a apoptose celular em fibroblastos de ratos, histocitos / monócitos humanos e células de osteossarcoma, e o seu efeito na sensibilidade dos queratinócitos humanos ao TNF não foi esclarecido.

Proteína E7

A proteína E7 é codificada por papilomavírus de alto risco. Trata-se de uma pequena proteína nuclear com 100 aminoácidos. Pode ser fosforilada pela proteína quinase II. É funcionalmente semelhante à proteína adenoviral E1A (12s). Juntamente com outras oncoproteínas activadas, como a Ras, a E7 transforma células primárias de roedores. Além disso, o HPV-E7 tem homologia numa parte dos seus aminoácidos com o adenovírus E1A e o vírus LTAg SV40. Todas estas proteínas têm como alvo oncoproteínas celulares denominadas retinoblastoma (RB). A proteína do retinoblastoma é um membro de uma família de proteínas que inclui a P107 e a P130, que têm uma região de ligação a S740, E7, E1A e LTAg. Os modos de fosforilação da RB estão associados à regulação do ciclo celular. É hipofosforilada nas fases G0 e G1 e fosforilada nas fases S, M e G2. A RB é fosforilada por Cdks nas fases G1 \ S, e a região da serina permanece fosforilada até às fases finais da mitose, sendo depois hipofosforilada novamente com uma fosfatase específica. Na fronteira G1 \ S, a RB actua como um regulador negativo do ciclo celular, resultando em hipofosforilação, o que impede a progressão do ciclo celular. O E7 no papilomavírus tipo 16, tal como o LTAg do vírus SV40, liga-se preferencialmente ao modo hipofosforilado com RB. Como resultado, a RB é inactivada, permitindo que a célula entre na fase S do ciclo celular. As oncoproteínas que formam complexos com a RB induzem a síntese de ADN. Tal como o adenovírus E1A e o LTAg do vírus SV40, o papilomavírus E7 pode ligar-se às proteínas celulares P107 e P130. A proteína E7 dos HPV de alto risco difere em termos de propriedades bioquímicas e biológicas e tem uma tendência 10 vezes maior para formar complexos com a RB do que a E7 dos HPV de baixo risco. Por conseguinte, os HPV de baixo risco não têm a capacidade de transformar as células.

Proteínas L1 e L2

As acções retardadas do vírus, como a replicação do ADN vegetativo, a síntese das proteínas do capsídeo e a formação do vírus, ocorrem em queratinócitos totalmente diferenciados. Os mRNAs L1 e L2 são poliadenilados no local do nucleotídeo 7175 quando transcritos. Estes locais de poliadenilação não são utilizados nas células cancerosas. Nestas células, os mRNAs tardios são transcritos usando um promotor

7250 chamado PL. A transcrição dos genes L1 e L2 inicia-se a partir deste promotor. A região L1 codifica a principal proteína do capsídeo com um peso molecular de cerca de 55 kDa, que constitui 80% das proteínas do capsídeo. Esta proteína também tem um peso molecular de 70 kDa. Estas duas proteínas são atualmente utilizadas para fabricar vacinas contra os papilomavírus. São altamente consideradas, uma vez que a L1 desempenha um papel fundamental na ligação ao vírus e na estimulação do sistema imunitário humoral.

Interação das proteínas do papilomavírus

As células hospedeiras expressam primeiro E1 e E2, e níveis elevados de E2 impedem a expressão das proteínas E6 e E7. Quando os genomas do hospedeiro e do vírus são integrados, a função de E2 é interrompida e impede a paragem de E6 / E7. A proteína E6 / E7 com duas proteínas que param o tumor desactiva a P53 (a E6 desactiva-a) e a pRb (a E7 desactiva-a).

Os oncogenes E6 / E7 alteram o ciclo celular e diferenciam os queratinócitos do hospedeiro no estado ideal para a replicação do genoma do vírus e subsequente expressão dos genes terminais. Todos os papilomas humanos podem causar uma proliferação transitória, mas apenas os tipos 16 e 18 podem proliferar continuamente em células no laboratório. Nas camadas superiores do epitélio do hospedeiro, os genes L1 e L2 são transcritos e traduzidos como proteínas estruturais e cobrem o genoma viral. Os viriões podem impedir a descamação do epitélio do hospedeiro e continuar o ciclo do vírus. Estudos realizados em 2010 mostraram que E6 / E7 estão envolvidos na acumulação nuclear de beta-catenina e activam a sinalização Wnt no vírus para causar cancro. Existem três factores principais na patogénese do cancro do colo do útero, dois dos quais estão relacionados com o vírus do papiloma. O primeiro é o efeito das proteínas E6 e E7, o segundo é a integração do ADN viral no cromossoma, que transporta os tipos 16 e 18, e o terceiro são as alterações genéticas frequentes que não estão relacionadas com o papilomavírus.

Integração do ADN viral

O ADN viral é integrado no genoma do hospedeiro. Ocorre em todos os casos de cancro do colo do útero. As células portadoras de ADN viral crescem melhor em laboratório, apresentam menor recuperação e são mais resistentes ao tratamento. O DNA viral integrado está localizado entre os genes L1 e E1, nos quais são sintetizados os reguladores virais e os genes E6 e E7.

Diferentes efeitos das proteínas expressas

Dois genes virais de L1 e E1 estão sempre protegidos e são sobre-expressos em células de queratinócitos. Assim, estima-se que estejam envolvidos em fenótipos tumorais. Estas duas proteínas de sobrevivência produzem diferentes tipos de células, como fibroblastos e queratinócitos. A E6 e a E7 são expressas em queratinócitos sobreviventes do papilomavírus e o equilíbrio entre a proliferação e a morte celular é perturbado, sugerindo-se que a E6 e a E7 funcionam para o desenvolvimento celular, uma vez que afectam a sobrevivência e a apoptose. Para que as lesões cervicais progridam para malignidade, é necessária a interação de um grande número de mutações. Por conseguinte, as alterações cromossómicas frequentes são cruciais para a compreensão da biologia desta neoplasia maligna. As alterações genéticas no cancro do colo do útero podem ser o resultado da seleção biológica de uma região cromossómica específica que contém o ADN do papilomavírus, ou o resultado de outras alterações que estão frequentemente envolvidas neste tumor. Estas alterações podem assumir várias formas, tais como translocação, mutação pontual, amplificação, integração do ADN viral, fenótipos mutagénicos ou perda de heterozigotia (LOH). A LOH significa que uma região específica do ADN foi perdida e, se estas perdas se repetirem em números significativos, concluiremos que esta região do cromossoma desempenha um papel neste tumor. A LOH é um passo intermédio envolvido na inativação de genes inibidores de tumores, como o P53 e o RB. Ambos os alelos devem ser inactivados para mostrarem o seu fenótipo. A análise LOH tem sido amplamente aplicada no cancro do colo do útero, resultando na deteção de várias regiões cromossómicas.

O E2 demonstrou uma potente atividade antiproliferativa quando expresso em células de cancro do colo do útero. Também mantém as células na fase G1 e fornece as condições para a morte celular por apoptose. Quando o ciclo celular pára, o stress é criado pelo E2 dos oncogenes virais. A criação de apoptose é uma função espontânea do E2. A proteína E2 inibe a transcrição dos oncogenes E6 / E7 e as actividades de replicação do ADN viral associadas à helicase E1 viral. A proteína E2 está inactivada nos cancros relacionados com o papilomavírus de tipo 18 e sugere-se que a E2 pode impedir a progressão do cancro. Além disso, a E2 é degradada pela caspase durante a apoptose e é um exemplo de um agente indutor de apoptose que é degradado pela caspase. A proteína E2 degradada produz uma atividade apoptótica facilitada. Vários estudos demonstraram que o papilomavírus é um agente etiológico de outros cancros, como o cancro da mama, o cancro da cabeça e do pescoço e o cancro anogenital. Os níveis de p53 são muito baixos nas células normais. Durante a sobre-expressão da proteína E7, os níveis de p53 aumentam nas células normais devido à inibição da degradação proteasómica por MDM2 do ADN p53. A degradação da p53 ocorre através de um complexo ternário que contém a E6, a proteína associada à E6 (E6AP) e a p53. A E6 pode inativar a p53. Um relatório recente mostra que a E6 pode inativar o p53 sem a E6AP.

A acumulação de p53 é elevada após a degradação do ADN em células que expressam a proteína do papilomavírus tipo 11 e em células na fase G1 do ciclo celular. A proteína E6 não se liga à E6AP nos papilomavírus de baixo risco para formar um complexo ternário semelhante ao E6 nos papilomavírus de alto risco. As proteínas E6 de alto risco impedem a apoptose através da ligação ao TNFR1 (recetor do fator de necrose tumoral (1)) e da sinalização apoptótica do TNFR1. Os mRNAs E6 de alto risco produzem proteínas E6* mais pequenas através de splicing intermitente. Este fenómeno só foi observado em papilomavírus de alto risco, e os tipos de baixo risco não apresentam este fenómeno, uma vez que não possuem a enzima nucleótida essencial (GT) (sequência de consenso da fatia OF). No entanto, esta enzima é encontrada nos papilomavírus de alto risco 16, 18, 31 e 33. O mRNAE6 * com splicing intermitente é encontrado em grande número em comparação com os transcritos E6 de comprimento total. A proteína E6 completa pesa cerca de 18,9 KD e a proteína E6 * com splicing pesa 6,5 KD. A proteína E6 * regula negativamente a expressão da proteína E6 ativa de comprimento total, pelo que os níveis de E6 são mais baixos. A capacidade da proteína E6 para a sobrevivência celular deve-se à prevenção do encurtamento do comprimento dos telómeros. Nas células somáticas, com a divisão celular de cada lado, há um encurtamento do comprimento dos telómeros que está associado à idade da célula. Foram encontrados níveis elevados de atividade da telomerase em células cancerosas humanas, o que sugere um papel na progressão do tumor. O E6 impede o encurtamento dos telómeros aumentando a expressão da degradação das subunidades da transcriptase reversa da telomerase humana (hTERT) e sobrevive formando um complexo com o E6AP e ligando-o ao promotor hTERT da célula. Outros alvos celulares, incluindo Bak, Fas Associated via Death Domain (FADD), e procaspase 8 são destruídos por E6 / E6AP, que inibem a apoptose.

Mecanismos-chave na transformação mediada por E6 e E7

Independentemente das várias moléculas e métodos que visam as oncoproteínas E6 e E7 do papilomavírus, alguns métodos e moléculas podem desempenhar um papel definitivo na progressão do cancro. Relativamente à E6, as proteínas que contêm PDZ, tais como hDlg, hScribble e p53, constituem o principal mecanismo do ciclo antitumoral das células hospedeiras. São complementadas pela produção de subunidades catalíticas de hTERT, que estão envolvidas na sobrevivência celular. A proteína E7 liga-se ao pRB e aos membros da sua família, como o p600, o p27 e o p21, que desempenham um papel importante na tumorigénese. Estes efeitos podem ser completados pela ativação do ciclo de sobrevivência celular da proteína quinase B / Akt. Tanto o E6 como o E7 ligam-se a vários factores de transcrição envolvidos na resposta imunitária e inactivam-nos, impedindo que a resposta imunitária destrua os tumores que contêm papilomavírus.

Capítulo 2

Patogenicidade e epidemiologia

Patogenicidade

Quase 40 tipos de papilomavírus infectam os seres humanos. Os papilomavírus dividem-se em dois tipos principais: papilomavírus de alto risco (16, 18, 31, 33, 39, 45, 52, 58 e 69) e papilomavírus sem risco ou de baixo risco (incluindo 6, 11, 42, 44, 53, etc.). A diferença entre os dois conjuntos reside na capacidade dos papilomavírus de alto risco de integrarem os seus genes nos cromossomas celulares. Depois de penetrarem no epitélio, facilitam a formação de pequenas lesões. O papiloma pode produzir uma infeção produtiva nos queratinócitos e desenvolver verrugas exofíticas (condiloma).

Outras alterações incluem a produção de transformação celular que provoca a presença de células discarióticas e, finalmente, o desenvolvimento de lesões escamosas intra-epiteliais. A unidade infecciosa é um virião completo que ocorre apenas em infecções reprodutivas. A diversidade de lesões deste vírus é grande, manifestando-se desde verrugas benignas a lesões malignas e agressivas. Com base em agências internacionais, os papilomavírus humanos dos tipos 16 e 18 desempenham um papel importante no cancro do colo do útero, sendo classificados como grupo 1. Os tipos 31 e 33 são potenciais agentes cancerígenos do grupo 2A e outros tipos que são provavelmente cancerígenos para os seres humanos são classificados como grupo 2B.

Doenças resultantes do papilomavírus humano

A maioria das infecções por papilomavírus é rapidamente eliminada pelo sistema imunitário e impede a progressão do cancro. Uma vez que o processo de transformação das células do colo do útero é lento, o aparecimento do cancro nas pessoas infectadas com o vírus do papiloma pode demorar muito tempo, até uma década. Algumas infecções provocam úlceras na pele que não são cancerosas. A infeção por estes tipos de infeção provoca um crescimento rápido das células da camada exterior. Estas úlceras incluem:

Úlceras comuns: Alguns tipos de infecções causam úlceras comuns. Estas úlceras encontram-se frequentemente na pele das mãos e dos pés, mas podem ocorrer noutros locais. As úlceras têm a forma de couve-flor.

Úlceras plantares: ocorrem na planta do pé. São internas mas não estão relacionadas com o cancro.

Úlceras periungueais: São úlceras que se formam debaixo das unhas dos dedos. São mais difíceis de curar do que as outras úlceras.

Úlceras planas: Ocorrem normalmente no braço, na face e na testa. Têm o mesmo aspeto que as úlceras normais, mas são mais comuns em crianças e adolescentes. Na população com um sistema imunitário normal, estas úlceras não estão associadas ao cancro.

As úlceras genitais são bastante contagiosas, enquanto as úlceras planas e plantares são menos susceptíveis de se propagarem de pessoa para pessoa. As úlceras genitais ou anais são mais fáceis de identificar devido aos sinais de diagnóstico da infeção. Embora uma grande variedade de vírus possa causar infecções, os tipos 6 e 11 são responsáveis por até 90% destes casos. Muitas pessoas sofrem destas úlceras que estão relacionadas com o vírus, e esta infeção pode ser rapidamente recuperada sem que as úlceras se desenvolvam ou causem outros sintomas. O vírus pode ser transmitido mesmo que a pessoa não apresente sintomas.

Papilomatose respiratória

Os tipos 6 e 11 podem causar doenças chamadas papilomatose respiratória recorrente, em que se formam úlceras na laringe ou noutras partes do trato respiratório. Estas úlceras reaparecem frequentemente e podem exigir múltiplas cirurgias. Esta infeção pode causar problemas respiratórios e, em casos raros, pode levar ao cancro. Foram realizados vários estudos sobre a relação entre os papilomavírus e o cancro do pulmão em diferentes partes do mundo, incluindo no norte do Irão, que demonstraram a presença destes vírus em amostras de cancro do esófago.

Úlceras genitais

Estas lesões são causadas pelos tipos 6 e 11, que, de acordo com os estudos, foram observados em 94% dos casos o ADN do tipo 6 e em 8% dos casos o ADN do tipo 11. Estas lesões têm caraterísticas diferentes consoante a sua localização. Podem ser queratinizadas ou não queratinizadas, pigmentadas ou não pigmentadas. As úlceras genitais são denominadas condiloma acuminado, que se caracterizam principalmente por superfícies mucosas e condiloma popular no epitélio queratinizado. O condiloma macular ou plano não é observado com testes padrão. Estas lesões são observadas com ampliação da visão ou com o uso de ácido acético a 5%. As lesões são frequentemente observadas no local da lesão durante a atividade sexual e o seu tamanho varia entre 1 e 10 mm. Num estudo, o período médio de incubação do condiloma acuminado foi de 2,8 meses, podendo variar entre 3 semanas e 8 meses. Os sintomas relacionados com as úlceras genitais variam, incluindo ardor, comichão e hemorragia, que são mais graves nas mulheres grávidas. Durante a gravidez, o condiloma cresce e regride após o parto. As úlceras podem ser transferidas para o bebé e causar lesões na traqueia e na laringe.

Verrugas genitais e cutâneas

Alguns tipos de HPV provocam verrugas cutâneas benignas. Estes tipos de HPV são transmitidos através do ambiente ou através de contacto acidental e direto pele com pele. Um grupo de HPVs transmitidos sexualmente, como os tipos 6 e 11, pode causar verrugas genitais. Os HPV tipos 1 e 2 podem causar verrugas cutâneas nas mãos, pés, cotovelos e joelhos. As verrugas comuns são ligeiramente mais proeminentes do que a pele e têm uma superfície semelhante a uma couve-flor. Os HPV da pele não estão envolvidos no cancro e não causam verrugas genitais. As verrugas que se formam debaixo ou à volta das unhas são mais difíceis de tratar do que as verrugas que aparecem noutras áreas. As verrugas planas são mais frequentes em crianças e adolescentes e são mais comuns nos braços, no rosto e na testa. As verrugas planas não causam cancro em pessoas com sistemas imunitários normais.

As verrugas genitais (condiloma) são o sinal mais comum de uma infeção genital induzida pelo HPV. A maioria das pessoas infectadas com verrugas genitais relacionadas com o HPV recupera sem o aparecimento de verrugas ou quaisquer sintomas e estas pessoas podem transmitir. As verrugas genitais são geralmente macias, carnudas e de forma rosada e ocorrem na área genital e podem ser proeminentes ou lisas, únicas ou múltiplas e aparecer em formas pequenas e grandes e, por vezes, em couve-flor. As verrugas genitais são o sinal mais comum de infeção por HPV, mas a infeção é eliminada simultaneamente na maioria dos casos e não causa sintomas. As verrugas podem ocorrer na vagina, no colo do útero ou no reto, nas mulheres, e no pénis, reto e escroto, nos homens. As verrugas são indolores e por vezes provocam comichão ou sangramento. Normalmente, as verrugas são pequenas, mas podem crescer se não forem tratadas. Nos homens, as verrugas são mais comuns nos homossexuais. As verrugas aparecem normalmente entre algumas semanas e 3 meses após a infeção pelo HPV, mas por vezes aparecem mais tarde.

Papilomavírus humano e carcinogenicidade

Os HPVs são classificados em tipos de alto risco e de baixo risco em termos de carcinogenicidade, dependendo do carcinoma em que cada vírus se encontra. Os vírus de baixo risco ou de baixo risco, incluindo os tipos 6 e 11, causam verrugas benignas e raramente se tornam malignos. Em contraste, a infeção por vírus de alto risco, incluindo os tipos 16, 18, 31 e 45, pode levar a tumores malignos do colo do útero e outros, incluindo cabeça e pescoço.

Cancro

O cancro é uma doença tão antiga como a história da vida humana. Surge como resultado do crescimento descontrolado das células que aparecem como uma massa e invadem outros tecidos e podem ser fatais, se não forem tratadas. Atualmente, o cancro é a causa mais importante da mortalidade humana. De acordo com os últimos relatórios, metade da população mundial é afetada por esta complicação. As taxas de mortalidade mais elevadas pertencem aos cancros do pulmão, da mama, do cólon e do reto. O cancro do pulmão é o cancro mais comum nos homens e o cancro da mama é o cancro mais comum nas mulheres. Os cancros genitais representam 13% de todos os cancros femininos. O cancro é conhecido como uma doença relacionada com a idade, devido à sua prevalência na velhice, e encontrar uma forma de o tratar é um passo eficaz para aumentar a esperança de vida e eliminar os seus possíveis efeitos económicos e adversos. Alguns tipos de vírus são considerados de alto risco (incluindo o 16, 18, 31 e 45), uma vez que conduzem ao cancro.

Causas do cancro

1- Factores físicos: como as radiações, que se estima estarem na origem de cerca de 3% dos cancros, como o cancro da tiroide, que está associado a uma história de exposição a radiações na primeira infância.

2- Factores químicos: Dividem-se em três grupos: orais, respiratórios e de contacto, como a fenilbutazona, que provoca leucemia, e o tabagismo, que provoca cancro da boca e do esófago, ou a inalação de ar poluído, que provoca cancro do pulmão e, em alguns casos, o contacto de certos produtos químicos com a pele pode provocar cancro nesta zona.

3- Factores biológicos: Também foram relatados vários agentes patogénicos, os mais importantes dos quais são os vírus, como os cancros do fígado e do colo do útero, ou o envolvimento de algumas bactérias, como a Helicobacter pylori, no cancro gastrointestinal.

Muitos vírus de ADN e ARN têm propriedades tumorigénicas. Como já foi referido, o papilomavírus humano é um dos vírus de ADN mais importantes que pode causar uma variedade de tumores malignos. O vírus de Epstein-Barr (EBV) e o vírus da hepatite B (HBV) também podem estar envolvidos neste domínio. Basicamente, o ADN dos vírus multiplica-se no núcleo da célula hospedeira e, teoricamente, todos têm o potencial de causar cancro. No entanto, esta afirmação foi comprovada nalguns vírus, como os adenovírus e os papilomavírus, não tendo sido relatados casos semelhantes em relação a alguns deles.

Existem outros efeitos secundários envolvidos na causa do cancro, alguns dos quais incluem:

O género: Por exemplo, o cancro do pulmão é mais comum nos homens do que nas mulheres.

Idade: O risco de cancro da mama aumenta com a idade, pelo que 80% dos cancros da mama ocorrem em pessoas com mais de 50 anos.

Problemas neurológicos: Reduzem a imunidade do organismo, o que por sua vez provoca o cancro.

Factores nutricionais: como os cancros gastrointestinais.

Factores hormonais: como o cancro do útero e da mama, que são afectados pelas hormonas.

Como é que as células se tornam cancerosas

O corpo de uma pessoa tem cerca de 60 milhões de células. Estudos anteriores mostraram que 50 milhões de células morrem a cada segundo e são substituídas pelo mesmo número de células. Algumas células, como as células nervosas e as células musculares estriadas, perderam a capacidade de se dividir, mas outras, como as células da pele, estão constantemente a dividir-se e a multiplicar-se. O crescimento e a reprodução são controlados num organismo multicelular, alguns dos quais são estimulantes e outros param-no para estabilizar o corpo.

Todas as células têm uma morte programada (apoptose). Assim, os fibroblastos do pulmão fetal humano dividem-se 50 vezes e o número de divisões é inferior a dez vezes nos idosos. De facto, pode assumir-se que as células têm um relógio inato. Por outras palavras, quando uma célula se torna cancerosa, perde a sua sensibilidade aos determinantes do ciclo celular e da divisão celular e continua a crescer sem ter em conta os sinais de alerta até se tornar uma massa celular e não haver um ciclo de morte programado para ela. No entanto, afirma-se que as células se tornam imortais e não têm restrições à proliferação. Assim, o cancro é o resultado de uma perturbação no mecanismo de crescimento e diferenciação celular. Por outras palavras, os tecidos com maior taxa de divisão celular têm um maior risco de cancro, uma vez que esta divisão celular pode ficar fora de controlo a qualquer momento, por exemplo, as células epiteliais estão constantemente a reproduzir-se porque estão expostas a danos. O cancro tem origem numa única célula. As alterações no genoma da célula devido a mutações e alterações repetidas podem fornecer as condições para que uma célula entre na via do cancro. Em cada geração, estas alterações aumentam e são transmitidas às gerações seguintes, e assim o tecido canceroso cresce.

Papilomavírus humano com elevado risco de carcinogénese e danos no ADN celular O nível da proteína p53 é um critério para medir os danos no ADN em células normais de mamíferos. A proteína p53 inibe o crescimento celular e estimula a célula a apoptose para destruir o ADN. A p53 regula a proteína p21, que bloqueia a formação do complexo Ciclina D / Cdk4, impedindo assim a fosforilação da proteína do retinoblastoma (RB) e inibindo a proliferação celular através da ativação do fator de transcrição (E2F). A curto prazo, o p53 é um gene inibidor de tumores, e os danos no ADN induzem a paragem do ciclo celular numa fase que pode resultar na remoção da célula através da apoptose. A transfecção do papilomavírus E6 ou E7 do tipo 16 evita a paragem do ciclo celular, impede a apoptose após danos no ADN e permite a continuação da mitose em células com

ADN danificado. As proteínas E6 e E7 do papilomavírus são os únicos mediadores da progressão da infeção pelo papilomavírus humano para a malignidade. Durante o ciclo de vida do vírus, a expressão de E6 e E7 é regulada pela proteína E2. Em alguns tecidos cancerosos, observa-se que o genoma do vírus é integrado no ADN celular. Durante a integração do genoma do vírus, que é circular, este é normalmente cortado na região E2-ORF e entra no ADN do hospedeiro de forma linear; como resultado, a expressão do gene E2 é eliminada. Neste caso, a expressão das oncoproteínas E6 e E7 aumenta significativamente. Os cancros mais importantes associados aos papilomavírus

Malignidade do colo do útero

A malignidade do colo do útero é o cancro mais importante associado a este vírus. O papilomavírus tipo 16 foi o primeiro tipo isolado do cancro do colo do útero em 1983. As sequências do genoma do HPV foram detectadas em todos os tumores malignos do colo do útero e na maioria das lesões precursoras do cancro. Em doentes com cancro do colo do útero, observam-se títulos elevados de anticorpos contra E6 e E7 do tipo 16. Nestes genomas, o genoma do HPV16 também é identificado. A infeção pelo papilomavírus é necessária para o desenvolvimento e a progressão do cancro do colo do útero e a sua prevenção pode evitar a ocorrência deste cancro.

Colo do útero

Cervix em latim significa colo. É cónico. O seu ápice situa-se no fundo e na extremidade do útero. A vagina liga-se obliquamente ao ambiente cervical e divide o colo do útero em secção supervaginal na parte superior, vaginal e anatómica na parte inferior. A artéria uterina é a principal fonte de fornecimento de sangue e passa através dos ligamentos carminais para as paredes laterais do colo do útero. Os nervos cervicais são redes neurais hipogástricas superior, média e inferior que se dividem principalmente na endocérvix e nas regiões mais profundas da exocérvix.

Displasia do tecido cervical

A displasia é uma lesão na qual se encontram células atípicas semelhantes, mas que ainda se encontram na fase superficial de maturação. A idade média dos doentes com displasia é 5-10 anos inferior à idade média dos doentes com carcinoma epitelial invasivo. Assim, conclui-se que o grau de malignidade aumenta com o aumento da idade.

Epidemiologia do cancro do colo do útero

Registam-se 465 000 novos casos e 200 000 mortes por ano em todo o mundo, 80% dos quais nos países em desenvolvimento. A taxa de cancro do colo do útero situa-se entre 3,8 e 48,2 por 100 000 mulheres.

Factores que afectam a incidência do cancro do colo do útero

Idade da primeira relação sexual: As pessoas que se casam entre os 14 e os 15 anos têm duas vezes mais probabilidades de serem afectadas do que as que se casam com 20 anos ou mais.

Múltiplos parceiros sexuais: O cancro do colo do útero é mais frequente em pessoas que têm múltiplos parceiros sexuais e em mulheres jovens delinquentes, de modo que as mulheres que tiveram 3 a 5 parceiros têm 8 vezes mais probabilidades de serem afectadas por ele e as que tiveram mais de 6 parceiros têm um risco de 14,2. No entanto, outros estudos demonstram que o cancro do colo do útero não está relacionado com o número de relações sexuais.

Métodos contraceptivos: foram realizados vários estudos sobre a relação entre a utilização de pílulas contraceptivas e o cancro do colo do útero, tendo sido demonstrado que, com o aumento do período de utilização destas pílulas, a probabilidade de desenvolver cancro do colo do útero aumenta.

Fumar: A inalação de fumo de cigarro é um fator de risco para o cancro do colo do útero. As mulheres fumadoras têm cerca de duas vezes mais probabilidades de serem afectadas pelo cancro do colo do útero do que as mulheres não fumadoras.

Nutrição: Estudos sobre a deficiência de vitamina A e de ácido fólico indicam que o tratamento será muito eficaz se a deficiência de vitamina for resolvida. Os níveis séricos baixos de ácido fólico são eliminados pelo folato e obtém-se uma recuperação rápida.

Idade: As mulheres são divididas em dois grupos de acordo com a idade: mulheres jovens com menos de 40 anos e mulheres com mais de 40 anos. Observou-se também que a taxa mais elevada desta doença ocorre acima dos 40 anos de idade.

Malignidade da vulva Os HPV de baixo risco podem causar infecções benignas da vulva e verrugas genitais nas mulheres. Os tipos de HPV de alto risco, como os tipos 16, 31 e 33, são isolados de tumores malignos da vulva e de úlceras primárias. Os resultados sobre a associação entre a infeção por HPV e o aparecimento de malignidade da vulva são contraditórios.

Malignidade anal

Os tipos 16, 18, 31 e 33 de papilomavírus causam malignidade do canal anal em homens homossexuais jovens, mas em homens mais velhos, a malignidade anal por HPV é negativa. A associação entre a malignidade da pele anal e os tipos de HPV está a ser investigada.

Malignidade conjuntival do olho

O genoma do HPV foi diagnosticado em alguns estados conjuntivais benignos. Os tipos 16 e 18 do HPV são por vezes diagnosticados em esfregaços oculares de mulheres com infecções cervicais. A expressão do gene E6 dos tipos 16 e 18 pode ser diagnosticada por RT-PCR na neoplasia conjuntival do olho.

Neoplasia maligna do esófago

O papel do HPV no CECS tem sido investigado em várias regiões de alto e baixo risco do mundo. A maioria dos estudos realizados em áreas de alto risco, como a China e a África, demonstram o papel do HPV no CEC, enquanto a maioria dos estudos em regiões de baixo risco não demonstrou qualquer associação entre eles. Alguns investigadores isolaram o ADN do HPV em 15-30% dos casos em amostras de biopsia. O HPV pode estar envolvido na malignidade esofágica e, em conformidade, foram realizados estudos no Irão, incluindo o norte do Irão, que relatam a presença de ADN do HPV em amostras de tecido de doentes com cancro do esófago.

Retinoblastoma

Alguns relatórios sugerem uma associação entre o retinoblastoma e o HPV. Por exemplo, em 14 das 39 crianças testadas para retinoblastoma no México, foram isolados os tipos 16 ou 18 do papilomavírus. No entanto, sabe-se pouco sobre o assunto.

Malignidade da mama

É pouco provável que o HPV esteja envolvido no cancro da mama. Embora a linha celular da mama humana se tenha tornado imortal após transfecção com o genoma do HPV tipo 16 ou 18 e tenha sido colocada a hipótese de o HPV poder iniciar o adenocarcinoma da mama, existem provas de que os HPV de baixo risco são relativamente eficazes nos papilomas escamosos benignos do mamilo. Recentemente, foram efectuados estudos sobre este assunto e os resultados sugerem que não existe qualquer associação.

Malignidade pulmonar

Foram propostas diferentes opiniões sobre a relação entre a malignidade pulmonar e o HPV. Alguns resultados sugerem que as infecções por HPV não estão envolvidas na progressão do carcinoma de células escamosas do pulmão. No entanto, alguns resultados sugerem uma associação entre tipos de HPV de alto risco e cancro do pulmão. Alguns deles não a consideram uma causa importante, mas argumentam que é um fator que pode estar envolvido no cancro do pulmão. A infeção pulmonar por HPV é observada em alguns casos, como em crianças com papilomatose laríngea. No entanto, os estudos mostram uma associação significativa entre a infeção por HPV e o cancro do pulmão.

Malignidade da bexiga

É menos provável que a infeção por HPV esteja envolvida no desenvolvimento de tumores malignos da bexiga. No entanto, foram registadas sequências de HPV em 0% a 80% na análise de tumores da bexiga.

Malignidade do cólon e dos ovários

Não existem provas fiáveis de que as infecções por HPV estejam envolvidas no desenvolvimento de tumores malignos do cólon e dos ovários. Foram publicados relatórios positivos e negativos sobre a presença de sequências de genes do HPV, mas não foram apresentadas provas de que o HPV conduza à progressão destas doenças malignas.

Malignidade do pénis

As células do trato urinário são transformadas nos homens infectados com HPV, e estes indivíduos têm dificuldade em urinar e observam-se certos tecidos no pénis.

Neoplasias malignas da pele

O ADN do HPV foi detectado em 90% dos casos cutâneos de SCC em doentes que receberam transplante renal. Foram encontrados os tipos de HPV 20, 23 e 38, e todos os relacionados com o grupo da epidermodisplasia verruciforme (EV). Foram também realizados vários estudos sobre lesões cutâneas malignas não melanoma, sugerindo que os tipos de papilomavírus humano da mucosa humana, que estão envolvidos no desenvolvimento do cancro do colo do útero, podem também estar envolvidos no desenvolvimento do cancro da pele não melanoma.

Condiloma e cancro

Os tipos 6 e 11 têm um baixo risco de carcinogénese, uma vez que o vírus não se integra no genoma de uma célula infetada. O risco de cancro nas mulheres com condiloma é semelhante ao das mulheres sem condiloma. Além disso, num estudo, 39% das mulheres com úlceras genitais também tinham lesões intra-epiteliais do colo do útero, pelo que se estabeleceu uma associação entre úlceras genitais e lesões cancerosas. Os doentes com condiloma podem estar simultaneamente infectados com papilomavírus de alto risco que causam lesões subclínicas relacionadas com o cancro anogenital.

Epidemiologia do papilomavírus humano

Em 1842, o primeiro estudo epidemiológico sobre o colo do útero foi realizado por Domenico e os resultados mostraram que a prevalência do cancro do colo do útero era mais elevada nas mulheres casadas, mais baixa nas solteiras e era encontrada nas freiras. Outros estudos sugerem que as mulheres muçulmanas, judias, protestantes e católicas com crenças religiosas, as mulheres de classe social elevada e as mulheres rurais têm as taxas mais baixas de displasia, mas as mulheres imigrantes, negras, encarceradas, urbanas e de classe social baixa são as que têm mais displasia cervical. O cancro do colo do útero é o segundo cancro mais comum no mundo e são diagnosticados anualmente cerca de 500 000 novos casos em todo o mundo. Os comportamentos sexuais e os cuidados de saúde parecem desempenhar um papel importante no desenvolvimento da neoplasia do colo do útero. No entanto, a raça e o nível de sensibilização também têm um efeito indireto na epidemiologia do cancro do colo do útero.

Prevalência da infeção pelo papilomavírus

A prevalência deste vírus varia consoante os estudos efectuados em diferentes países. Este vírus é encontrado no colo do útero de 5 a 50% das mulheres na puberdade e assintomáticas. A Itália e a Espanha têm a prevalência mais baixa, de cerca de 5%. Na maioria dos países, 10 a 20% da população está infetada. As mulheres jovens estão mais expostas ao risco de infeção. Por exemplo, estudos realizados em mulheres americanas mostraram que a infeção é 26 a 39% mais comum em mulheres jovens. Entre os homens brasileiros, a prevalência do vírus variou de 3 a 39%. A prevalência sérica do papilomavírus humano não é um fator específico fiável para o desenvolvimento de uma epidemia até que a infeção inicial seja diagnosticada. Em estudos realizados por Niakan et al., 24,7% dos pacientes tinham HPV de alto risco. A este respeito, as pessoas com uma história mais longa de relações sexuais apresentaram uma taxa mais elevada.

Incidência da infeção pelo papilomavírus

Com base no estudo efectuado por Luna, a incidência do papilomavírus na população em geral situa-se entre 8 e 20% por ano. Um estudo recente realizado em mulheres jovens registou uma incidência anual de 14 a 24 e de 43 a 53% em 3 anos.

Propagação do papilomavírus com base no tipo

Em geral, a maior presença de papilomavírus está relacionada com os tipos 6, 11 e 16, seguidos do 18, 51, 31, 45 e 53, sendo que, entre os tipos de alto risco, os tipos 16 e 31 são os de maior incidência.

Factores de risco para a infeção pelo papilomavírus

Os principais factores associados à infeção incluem o sexo, a idade, o estatuto económico, infecções sexualmente transmissíveis anteriores, a raça, o tabagismo, a contraceção e o casamento. A determinação da associação entre o papilomavírus é difícil na maioria dos estudos efectuados em mulheres. A infeção pelo papilomavírus é comum em pessoas com idades compreendidas entre os 20 e os 29 anos. Após os 30 anos de idade, a sua prevalência diminui drasticamente. A maioria dos estudos encontrou uma relação inversa entre a idade e a infeção e mostra que o declínio relacionado com a idade não depende da atividade sexual.

Capítulo 3

Diagnóstico laboratorial

Diagnóstico laboratorial do papilomavírus

Com base na Agência Internacional de Investigação do Cancro (IARC), o teste citológico de amostras de células do colo do útero é uma forma eficaz de identificar papilomavírus de alto risco. A FDA aprovou um teste para o rastreio do cancro do colo do útero para mulheres cujo teste de Papanicolau não é claro ou mulheres com mais de 30 anos. Este teste diagnostica pelo menos 13 tipos de papilomavírus de alto risco associados ao cancro. Este teste revela mesmo os tipos de alto risco antes de quaisquer alterações visíveis nas células cervicais. Os resultados recentes dos métodos de diagnóstico molecular no cancro do colo do útero forneceram informações úteis sobre os limites dos marcadores oncogénicos que permitem observar eventos moleculares essenciais nos esfregaços citológicos. No entanto, estes testes podem também diagnosticar o ADN do papilomavírus noutros tipos de infecções. A FDA não aprovou outros testes para o rastreio geral nos Estados Unidos ou no Canadá e declarou que não serão utilizados em medicina enquanto não forem introduzidos novos testes. As úlceras genitais são o único sinal visível do papilomavírus de baixo risco e podem ser observadas com um simples controlo. O ácido acético a 5% (vinagre) é utilizado para diagnosticar lesões benignas e neoplasia intra-epitelial escamosa, em que os tecidos anormais aparecem brancos. Este método tem um sucesso limitado, mas a maioria dos médicos considera que esta técnica é útil para a maioria das áreas húmidas, como a área genital feminina. Os métodos utilizados para diagnosticar a infeção pelo papilomavírus podem estar significativamente relacionados com o objetivo pretendido para o diagnóstico. Estes objectivos são: O papilomavírus está presente ou não? A infeção está ativa? Quais são os tipos de papilomavírus relacionados com a infeção? E qual é o grau de anomalia das células relacionado com a infeção? A utilização potencial de antissoro específico de vírus em cortes preparados a partir de tecidos ou extracções é limitada por considerações semelhantes. Níveis elevados de proteínas L1 e L2 podem ser expressos em lesões reprodutivas, mas não em displasia de alto grau e cancro. Nestas lesões avançadas, o diagnóstico de E6 não é fiável e o diagnóstico de E7 pode ser útil em estudos de investigação, não tendo sido validado nenhum método com elevada eficácia para utilização clínica. Os testes serológicos em formato ELISA que monitorizam a resposta de anticorpos contra L1 em partículas semelhantes a vírus (VLPs) podem ser úteis para estudos de investigação populacional. Os testes de neutralização e ELISA medem infecções passadas que não são suficientemente sensíveis e específicas e não são utilizadas para o diagnóstico clínico de rotina. Além disso, foram efectuados testes moleculares fortes, sensíveis e reprodutíveis para detetar o ADN e o ARN do papilomavírus em esfregaços e amostras de biopsia cervical. A maioria dos testes mostra sequências de ADN de ADN L1 e sequências de ARN de E6 e E7.

Deteção de vírus por método citológico

A relação entre os coilócitos em amostras cervicais e a infeção por papilomavírus foi confirmada em 1970. A presença de coilócitos altamente específicos indica infeção por papilomavírus, mas foi esclarecido ao longo do tempo que as caraterísticas citológicas não eram indicadores sensíveis para a presença do vírus, uma vez que não existe evidência citológica de infeção na maioria dos casos que são positivos para o genoma do papilomavírus. Assim, a deteção indireta do papilomavírus com base em observações citológicas não pode ser fiável e este método também não detecta diferentes tipos de papilomavírus.

Identificação do genoma do papilomavírus

O ADN é identificado de duas formas: 1- Um método em que uma parte do genoma do vírus é replicada várias vezes por PCR e depois identificada, e outro método é a hibridação direta do genoma do vírus com identificadores. A aplicação laboratorial, a sensibilidade do método de amostragem e a precisão da operação estão envolvidas no diagnóstico do genoma. Por exemplo, o tamanho da amostra deve ser grande nos métodos de hibridação.

Análise de Southern blotting

Este método foi inventado pela primeira vez por Southern em 1975 e é uma das técnicas laboratoriais mais comuns devido à sua elevada eficiência. Todos os métodos de hibridação se baseiam na hibridação entre o ADN alvo e um identificador marcado. Neste método, após a desnaturação, os fragmentos de ADN são transferidos do gel para uma membrana de nitrocelulose ou de nylon e adjacentes a eles com um detetor especial que hibridiza com a capacidade desejada em condições controladas em termos de temperatura, pH e concentração iónica. A hibridação é efectuada se existir um complemento com identificador entre os fragmentos de ADN. Em seguida, as sondas adicionais não hibridizadas são lavadas e a localização da banda marcada é determinada por autorradiografia. É utilizado um detetor especial para detetar a presença ou ausência de papilomavírus. A técnica de Southern blotting é considerada um método padrão de longa duração para determinar o tipo de papilomavírus e para o identificar. Este método é um método sensível, uma vez que determina o valor do papiloma em 10 microgramas de ADN genómico.

Análise de Dot blotting

De facto, este método é outro tipo de método de Southern blotting que é utilizado para determinar a concentração e a densidade de espécies específicas de ADN ou ARN. Diferentes concentrações de ADN não radioativo são desnaturadas e aparecem como um ponto na folha de nitrocelulose. Em seguida, estas moléculas de ADN formam uma molécula híbrida com o identificador desejado, que é radioativo. Após a autoradiografia, a intensidade do escurecimento das imagens criadas é determinada qualitativamente e comparada com as cabeças de controlo para determinar a concentração da molécula. Este método requer menos ADN do que uma técnica de Southern blotting e a sua sensibilidade é de um micrograma de ADN genómico.

Filtro de hibridação in-situ

Neste método, a célula do cancro do colo do útero é desnaturada sem extração de ADN, e as amostras que são positivas para o papiloma são formadas com sondas específicas híbridas para o papiloma.

Hibridação in-situ

Neste método, as células são expostas a tampões que permeiam a membrana celular relativamente à entrada do detetor para preparar o ADN para exposição à sonda. As sondas não radioactivas marcadas para o papilomavírus atravessam a membrana celular e ligam-se ao

ADN alvo. Este método é utilizado quando não estão disponíveis grandes quantidades de amostras.

Captura híbrida

Neste método, não são utilizados materiais radioactivos para marcar os detectores. Os identificadores são utilizados para 14 tipos de papilomavírus humanos e em duas misturas de A para tipos de baixo risco (6, 11, 42, 43 e 44) e B para tipos de alto risco (16, 18, 31, 33, 35, 45, 51, 52 e 56).

Neste método, um híbrido de ADN de cadeia simples e um identificador de ARN ligam-se a uma fase sólida com um anticorpo específico para o híbrido e são identificados sob a forma de ELISA. Este método tem uma sensibilidade elevada, pelo que pode identificar 10 cópias do genoma do papiloma.

PCR

Este método foi inventado pela primeira vez em 1985 por Kary Mullis. Na sua primeira experiência, utilizou a ADN polimerase Tag para a etapa de amplificação. Esta enzima é produzida por uma bactéria termofílica chamada thermus aquaticus. Esta enzima pode funcionar a altas temperaturas. A PCR é baseada num ciclo repetitivo a alta temperatura de 94-97 de hibridação e recozimento de primers de oligonucleotídeos a 55-80 ° C e síntese de DNA polimerase a partir da extremidade do primer 3' a 72 ° C. Os passos da PCR são: 1- abertura de duas vertentes, 2- primers de ligação ao alvo e 3- fazer uma vertente complementar do alvo. A PCR é um método de síntese enzimática in-vitro no qual um fragmento específico de ADN é amplificado especificamente. Na maioria dos casos, dois primers de oligonucleótidos interferem com sequências complementares que estão localizadas em ambos os lados do ADN que deve ser amplificado. Estes iniciadores ligam-se às suas cadeias complementares na sequência alvo e são colocados de modo a que a cadeia de ADN seja sintetizada entre os dois iniciadores. Este método foi utilizado pela primeira vez em 1971 (1, 91 e 94).

Sensibilidade da PCR

As vantagens mais importantes deste método são a elevada sensibilidade e o curto tempo de reação. Assim, esta técnica é um método rápido e fácil, com elevada quantidade e qualidade. As suas fases são:

1- Fusão, que é efectuada para desnaturar e separar o ADN-alvo a uma temperatura de cerca de 95 ° C.

2-Resfriamento, que é até uma temperatura de cerca de 50-60 ° C, e é feito com o objetivo de recozer dois primers com as suas sequências complementares no ADN modelo.

3-Extensão: Nesta fase, a temperatura atinge cerca de 72 °C e os oligonucleótidos iniciadores são modelados e estendidos pela enzima ADN polimerase em cada uma das duas cadeias de ADN na direção 5' → 3'. Assim, o ADN construído encontra-se no intervalo de dois primers. Estas três etapas que compõem um ciclo são normalmente repetidas cerca de 30 a 40 vezes. O número de cópias aumenta exponencialmente. Se tivermos n ciclos, teremos 2n novas cópias, pelo que, após 20 ciclos, o número de cópias de ADN a partir de um ADN original será superior a um milhão de cópias, e esta ação é realizada pelo sistema PCR em menos de 4 horas.

Desvantagens da PCR

1- O comprimento do ADN para amplificação é um dos factores limitantes. Este método funciona normalmente para linhas de bases com um comprimento mais curto

2- A segunda estrutura, rica em bases GC, impede a leitura do ADN molde pela enzima polimerase. No entanto, a utilização de glicerol e dimetilsulfóxido é eficaz para reduzir a produção de hairpins. A albumina de soro bovino também é eficaz na proteção da enzima e na inibição da quelação na eficiência da PCR.

3- Os produtos obtidos da degradação são também inibidores da enzima polimerase. O composto forma um complexo com o ião magnésio necessário para a PCR.

Serologia

Devido à grande população de genótipos de vírus e às respostas imunológicas incompatíveis, a deteção de anticorpos contra o papilomavírus é utilizada com menos frequência. Metade de todos os cancros são do tipo 16, e metade das infecções do tipo 16 conduzem a alterações séricas por razões desconhecidas. A prevalência sérica da resposta ao papiloma não é mensurável. A sua associação com a presença de ADN viral indica uma sensibilidade reduzida. Entre as mulheres que foram diagnosticadas como positivas em termos da presença de ADN do tipo 16, apenas 42,7-46% do seu soro era positivo. A sensibilidade serológica para a deteção de anticorpos anti-papilomavírus é, na melhor das hipóteses, de cerca de 50%, podendo mesmo atingir 65-75%. É difícil medir a especificidade do método serológico, mas estima-se que seja superior a 98%. A positividade do soro está associada ao número de parceiros sexuais, a lesões citológicas e a uma infeção anterior com o tipo 16. Assim, não está associada a lesões genitais externas, a lesões citológicas de baixo grau ou ao uso de preservativo.

Capítulo 4

O papel do sistema imunitário na prevenção e no tratamento

Princípios do funcionamento do sistema imunitário

O sistema imunitário do organismo é essencial para a sobrevivência humana. Este sistema protege o corpo contra invasores externos, tais como bactérias, vírus, fungos e toxinas produzidas por micróbios. O sistema imunitário é composto por diferentes órgãos, células e proteínas que trabalham em conjunto. Sem um sistema imunitário, o nosso corpo não será capaz de atacar bactérias, vírus, parasitas e outros. O sistema imunitário é constituído por uma vasta rede de células e tecidos que monitorizam constantemente a entrada e o ataque de invasores estranhos, como as bactérias, e estão preparados para um ataque adequado assim que avistam um inimigo ou agente estranho. O sistema imunitário espalha-se por todo o corpo e afecta muitos tipos de células, órgãos, proteínas e tecidos. Uma das caraterísticas importantes deste sistema é o facto de conseguir distinguir os tecidos do corpo dos tecidos externos (identificando as células internas e externas). As células mortas e defeituosas são também identificadas e eliminadas pelo sistema imunitário.

As células das diferentes partes do sistema imunitário são constituídas por vários órgãos, incluindo:

Adenóides: consistem em duas pequenas glândulas localizadas na parte de trás do nariz.

Medula óssea: Um tecido mole e esponjoso que se encontra nas cavidades ósseas.

Gânglios linfáticos: São pequenos órgãos em forma de feijão que se encontram por todo o corpo e estão ligados entre si por vasos linfáticos.

Vasos linfáticos: Uma rede de canais em todo o corpo que faz circular os linfócitos e o fluido linfático por todo o corpo.

Manchas de Peyer: são células do tipo tecido linfoide que se encontram no intestino delgado.

Baço: Órgão do tamanho de um punho situado na cavidade abdominal.

Timo: Uma glândula que consiste em dois lóbulos e está localizada na frente da traqueia e atrás do esterno.

Amígdalas: Duas massas ovais situadas na parte posterior da garganta.

Doenças infecciosas

As doenças infecciosas no corpo são causadas por bactérias, vírus, fungos, parasitas e outros agentes patogénicos. Os agentes patogénicos são pequenas células e organismos que são normalmente transmitidos entre as pessoas através da tosse, espirros ou contacto físico. Também podem ser transmitidos de uma pessoa para outra através da contaminação da água potável, do sangue e dos fluidos corporais. Por exemplo, se o sistema imunitário do corpo enfrenta uma bactéria, um vírus ou um parasita com um agente patogénico, ele tem como alvo a resposta imunitária. Vamos explicar como funciona este sistema, mas primeiro vamos apresentar algumas das principais caraterísticas do sistema imunitário.

Glóbulos brancos: Os glóbulos brancos são as células da corrente sanguínea, também conhecidas como "leucócitos". Estas células circulam nos vasos sanguíneos e nos vasos linfáticos do corpo. Os glóbulos brancos estão constantemente nos fluidos corporais seguindo os sinais de agentes patogénicos ou estranhos. Estas células começam a multiplicar-se quando se deparam com um agente ou objeto estranho e enviam mensagens ou sinais a outros glóbulos brancos. De facto, convidam outros glóbulos brancos a lutar contra os agentes patogénicos. Os glóbulos brancos são armazenados em diferentes locais do corpo chamados órgãos linfáticos. Estes órgãos linfáticos incluem os seguintes casos:

Timo: Uma glândula situada entre os pulmões e logo abaixo do pescoço.

Baço: Órgão que purifica o sangue. Situa-se no lado esquerdo e superior da cavidade abdominal.

Medula óssea: Esta parte encontra-se no centro dos ossos e é responsável pela produção de glóbulos vermelhos.

Gânglios linfáticos: são pequenas glândulas que se encontram em todo o corpo e se acumulam junto aos vasos linfáticos.

Os leucócitos são classificados em dois grupos principais:

Fagócitos: Os fagócitos são células que matam agentes estranhos após a sua deteção através do método de fagocitose. Neste método, os fagócitos envolvem as células externas com as suas membranas e depois levam-nas para dentro e digerem-nas com as suas enzimas intracelulares.

Funcionamento dos fagócitos

Existem diferentes tipos de fagócitos:

"Neutrófilos": são um dos tipos mais comuns de fagócitos que atacam especificamente as bactérias.

"Monócitos": Este grupo de fagócitos é o maior de todos e tem diferentes funções. Este grupo transforma-se em macrófagos e dendritos depois de deixar os vasos.

"Macrófagos": Estas células protegem o corpo contra os agentes patogénicos e removem as células mortas e danificadas.

"Mastócitos": Estas células têm muitas funções, algumas das quais incluem ajudar a curar feridas e lutar contra agentes patogénicos e libertar histamina em respostas inflamatórias.

Linfócitos: São, de facto, a memória do sistema imunitário e ajudam o corpo a lembrar-se dos invasores passados do corpo e a lembrar-se de como combatê-los se voltarem a invadir o corpo. Os linfócitos começam a sua vida na medula óssea. Alguns permanecem na medula óssea e desenvolvem-se em linfócitos B, enquanto outros se deslocam para o timo e transformam-se em linfócitos T (células T). Estes dois tipos de células desempenham papéis diferentes:

Linfócitos B: São produzidos no interior das células da medula óssea e aí amadurecem, podendo entrar nas respostas do sistema imunitário. Estas células produzem anticorpos e estão envolvidas no envio de mensagens para os linfócitos T.

Linfócitos T: São produzidos dentro da medula óssea, mas passam pelas fases de maturação na glândula timo e depois entram nas respostas do sistema imunitário. Matam as células em perigo no corpo e ajudam a enviar mensagens a outros glóbulos brancos.

Como funciona o sistema imunitário

O sistema imunitário deve ser capaz de distinguir as células do corpo das células estranhas. O sistema imunitário faz este trabalho identificando as proteínas de superfície das células. Cada célula tem proteínas na sua membrana superficial que são reconhecidas por elas, e estas proteínas são ignoradas pelo sistema imunitário na superfície das células do corpo, de modo que o sistema imunitário só reage a proteínas na superfície de células estranhas. Qualquer substância que possa causar uma resposta imunitária no sistema imunitário é designada por "antigénio". Em muitos casos, o antigénio é uma bactéria, fungo, vírus, toxina ou objeto estranho, mas um antigénio pode ser uma das células do próprio corpo que está danificada ou morta. Um grande número de células do sistema imunitário trabalha em conjunto para detetar um antigénio. O sistema imunitário responde aos agentes patogénicos de duas formas específicas e não específicas. Quando as barreiras de defesa do corpo, como a pele e as membranas mucosas, impedem a entrada de agentes estranhos no corpo e identificam e eliminam os agentes estranhos, sem considerar o seu tipo, está de facto a utilizar um mecanismo não específico para o sistema imunitário do corpo. Os fagócitos e linfócitos mortais também os detectam e destroem utilizando as caraterísticas gerais dos agentes externos e, consequentemente, estas células defendem o corpo de uma forma não específica.

Papel dos linfócitos B: O primeiro passo de um linfócito B ao enfrentar um agente patogénico no sistema imunitário é detetar o seu antigénio e, em seguida, produzir e segregar um anticorpo contra ele. Os anticorpos são proteínas específicas que se fixam na superfície do antigénio. Cada linfócito B produz apenas um anticorpo específico. Por exemplo, um linfócito B produz especificamente um anticorpo contra a pneumonia e outro linfócito B produz um anticorpo contra o vírus da constipação. Os anticorpos fazem parte de uma grande família de compostos específicos denominados "imunoglobulinas". Os compostos desta família desempenham um papel importante na criação de respostas imunitárias.

Imunoglobulina G ou (IgG): Estas imunoglobulinas marcam os micróbios, pelo que estes podem ser detectados por outras células do sistema imunitário.

Imunoglobulina M ou (IgM): Este tipo de anticorpo está especificamente envolvido na morte de bactérias.

Imunoglobulina A ou (IgA): A imunoglobulina A encontra-se em partes fluidas do corpo, como as lágrimas e a saliva, e protege a entrada de agentes estranhos no corpo.

Imunoglobulina E ou (IgE): Estes anticorpos lutam contra os parasitas e são responsáveis por causar reacções alérgicas no corpo.

Imunoglobulina D ou (IgD): O grupo D de imunoglobulinas liga-se aos linfócitos B e ajuda-os a desenvolver uma resposta imunitária.

Em geral, os anticorpos ligam-se aos antigénios mas não os conseguem matar. Eles marcam os antigénios para matar outras células imunitárias, como os fagócitos.

O papel dos linfócitos T

Os linfócitos T são células especializadas, que incluem dois tipos distintos:

Células T helper ou células Th: Estes linfócitos estão envolvidos na coordenação da produção de respostas imunitárias. Algumas destas células podem estimular os linfócitos B a produzir mais anticorpos e outras ligam-se a outras células. Por vezes, estas células auxiliares absorvem mais fagócitos e linfócitos T para a área infetada para combater agentes externos.

Linfócitos T citotóxicos: estas células T atacam outras células e matam-nas. Estas células são especificamente utilizadas para matar vírus. Ao detectarem pequenas partes do vírus fora das células infectadas, podem atacar as células infectadas e destruí-las. O sistema imunitário pode proteger o corpo em todas as idades, mas com o aumento da idade, a força deste sistema aumenta. Devido à exposição a muitos agentes patogénicos diferentes nos adultos, este sistema pode adotar melhor o método de defesa correto contra agentes externos. Por esta razão, os adultos têm menos probabilidades de ficar doentes do que as crianças. Quando uma bactéria entra no corpo e o corpo começa a lutar contra ela, uma cópia do anticorpo produzido contra a bactéria é mantida pelo sistema imunitário do corpo, de modo a que, se a mesma bactéria atacar nas próximas vezes, o sistema imunitário possa matá-la mais rapidamente. Por esta razão, o corpo humano experimenta algumas doenças apenas uma vez na sua vida, como a varicela, que afecta uma pessoa apenas uma vez e, ao produzir e manter anticorpos específicos quando exposto a um agente de doença, o seu anticorpo é amplificado pelo sistema imunitário e mata rapidamente o agente da doença. Este processo é designado por "imunidade" ao agente patogénico. Existem três tipos de mecanismos imunitários no sistema imunitário humano, incluindo a imunidade inata, a imunidade adquirida e a imunidade passiva.

Imunidade inata: Todos os seres humanos nascem com um certo nível de mecanismo imunitário para lutar contra os agentes patogénicos. O sistema imunitário humano, tal como o de outros animais, pode lutar contra agentes externos mesmo no primeiro dia de vida. O corpo humano possui um conjunto de mecanismos de defesa não específicos que, em conjunto, formam a "imunidade inata" do organismo. A imunidade inata inclui as barreiras externas do corpo que constituem a sua primeira linha de defesa. A pele e as membranas mucosas da garganta e do esófago fazem parte desta barreira externa. A resposta criada por estes mecanismos imunitários é inespecífica e geral, pelo que o sistema imunitário provocado por este mecanismo não visa diretamente um único agente patogénico, mas constitui uma barreira de defesa contra todos os agentes infecciosos. Quando este sistema detecta um agressor com o seu mecanismo inato, entra imediatamente em ação. As células imunitárias do mecanismo inato rodeiam a célula invasora. Os agentes invasores são mortos no interior das células do sistema imunitário. Estas células são, de facto, fagócitos.

A primeira linha de defesa do corpo

A pele é o mecanismo não específico mais importante do corpo, que é também o maior órgão do corpo. A pele é uma barreira física que impede a entrada de agentes patogénicos no organismo. As partes do corpo que não são protegidas pela pele, como os olhos e a boca, são protegidas por muco, lágrimas e saliva. Existem enzimas no fluido mucoso das lágrimas e das glândulas salivares que podem quebrar as paredes celulares dos agentes patogénicos, como as bactérias, e matá-los.

A segunda linha de defesa

Quando um agente patogénico consegue atravessar a barreira de defesa primária e entrar no corpo, enfrenta a segunda linha de defesa não específica do corpo. Uma resposta inflamatória começa quando um agente patogénico estimula a pressão sanguínea elevada na área infetada. Neste caso, os vasos sanguíneos na zona infetada dilatam e os glóbulos brancos saem dos vasos durante a diapedese na zona infetada e deslocam-se para a zona infetada para combater o agente patogénico. O aumento do diâmetro do vaso na área infetada deve-se à secreção de "histamina" de um tipo de glóbulo branco chamado mastócitos. Estes tipos de glóbulos brancos são fagócitos que absorvem os agentes patogénicos e os matam. Durante a resposta inflamatória do sistema imunitário, a área infetada fica vermelha, inchada e dolorosa. Durante um ataque de um agente patogénico, o sistema imunitário pode libertar substâncias que aumentam a temperatura corporal e provocam febre na pessoa. O aumento da temperatura pode retardar o crescimento e a proliferação dos agentes patogénicos e, nessa situação, o sistema imunitário luta mais rapidamente contra os agentes infecciosos. Alguns glóbulos brancos, como os fagócitos, identificam as células patogénicas e outras células mortas no corpo e digerem-nas. Estas células fagocíticas rodeiam o agente patogénico criando pernas falsas através da sua membrana, engolem-no e inserem-no nas suas vesículas citoplasmáticas, que contêm enzimas de degradação e digerem-no. No corpo humano, existem proteínas que normalmente estão inactivas e que são activadas em caso de infeção em diferentes partes do corpo. Criam poros na membrana das células patogénicas, matando-as assim. Estas proteínas não conseguem distinguir os diferentes agentes patogénicos entre si e atacam todos os agentes patogénicos de forma não específica.

Imunidade adquirida

A imunidade adquirida ou específica é activada quando um agente patogénico consegue passar pelo mecanismo imunitário inato ou inespecífico. As células do corpo têm sinais que as distinguem de outras células estranhas, pelo que o sistema imunitário distingue as células internas e externas com base nesses sinais. Quando o sistema imunitário encontra células que não têm estes sinais, identifica-as como células estranhas e ataca essas células. Num mecanismo específico ou adquirido, o sistema imunitário combate utilizando linfócitos e produzindo anticorpos. Este mecanismo desenvolve-se durante o crescimento do corpo. Assim, com o crescimento humano e a exposição a agentes patogénicos e com a administração de várias vacinas, é criada no corpo uma biblioteca de anticorpos relacionados com vários agentes patogénicos dentro das células do sistema imunitário. Este processo é por vezes designado por "memória imunológica", uma vez que as células imunitárias se lembram dos seus inimigos anteriores. O mecanismo adquirido produz anticorpos através do mecanismo inato para proteger o corpo contra agentes estranhos. Como resultado, se o corpo for atacado novamente por agentes patogénicos anteriores, produzirá anticorpos mais rapidamente e matará a infeção. A imunidade adquirida é causada pela presença de antigénios. Os antigénios estão normalmente localizados na superfície das células dos agentes patogénicos e cada agente patogénico tem o seu antigénio específico. O sistema imunitário responde aos antigénios através de determinadas células ou da produção de anticorpos. Os anticorpos atacam os antigénios e, quando se fixam no antigénio, produzem um sinal que atrai os fagócitos ou outras células assassinas para o antigénio.

Imunidade humoral

A "imunidade humoral" é um tipo de imunidade adquirida ou específica causada pela atividade dos anticorpos nos fluidos circulantes. A imunidade humoral começa quando as células dos linfócitos B reagem com um antigénio infecioso. Neste caso, os linfócitos B utilizam a ação da endocitose para puxar o antigénio para as células patogénicas e armazenam os antigénios no interior dos linfócitos. Nesta fase, os linfócitos T auxiliares ligam-se à superfície dos linfócitos B através do complexo de adaptação tecidular (MHC de classe II) e recebem os antigénios do agente patogénico, pelo que são activados. As células auxiliares dão a ordem de crescimento e proliferação aos linfócitos B através da produção de uma proteína chamada citocina. As células resultantes da proliferação dos linfócitos B são os plasmócitos e as células B de memória. As células B de memória são inactivadas e armazenadas para ataques subsequentes de agentes patogénicos, mas os plasmócitos identificam e matam os agentes patogénicos produzindo anticorpos e libertando-os no sistema circulatório do corpo. Quando o anticorpo se liga aos antigénios de superfície do agente patogénico, outras células do sistema imunitário, como os fagócitos e os linfócitos T citotóxicos, matam os agentes patogénicos.

Imunidade mediada por células

Muitas vezes, os anticorpos por si só não são suficientes para proteger o organismo contra os agentes patogénicos. Por esta razão, o sistema imunitário utiliza um mecanismo chamado "imunidade mediada por células" para matar as células patogénicas. Os linfócitos T são responsáveis pela imunidade mediada por células. As células T citotóxicas cooperam entre si para matar as células patogénicas. Estas células causam apoptose ou morte celular produzindo toxinas e injectando-as nos agentes patogénicos. Na imunidade mediada por células, as células T auxiliares estão envolvidas na proliferação das células T citotóxicas. De facto, as células helper estimulam a proliferação de linfócitos T citotóxicos através da produção de citocinas. Na imunidade mediada por células, são também produzidas células T de memória, que são utilizadas em ataques subsequentes de agentes patogénicos para uma resposta imunitária rápida.

Imunidade passiva

O "mecanismo passivo" (imunidade passiva) é, de facto, um mecanismo de defesa derivado de outra fonte, de tal forma que os anticorpos presentes no feto são recebidos da mãe antes do nascimento e os anticorpos são transmitidos da mãe para o bebé através do leite materno após o nascimento. A imunidade produzida por estes anticorpos é designada por imunidade passiva. A imunidade passiva desenvolve-se para proteger a criança de certas infecções nos primeiros anos de vida. Por vezes, são injectados anticorpos sintéticos no corpo para reforçar o mecanismo de defesa do organismo. Neste caso, a imunidade também é criada de forma passiva.

Vacinação

A "vacinação" é a prática de injetar o antigénio de um ou mais agentes patogénicos enfraquecidos no corpo de uma pessoa, de modo a que esta não fique doente, mas que o seu sistema imunitário seja estimulado e comece a produzir anticorpos. Uma vez que o corpo armazena uma cópia dos anticorpos, o organismo pode lutar mais rapidamente contra o mesmo agente patogénico se o voltar a encontrar. As organizações médicas e de saúde estão a implementar programas de vacinação de crianças para prevenir doenças infecciosas como o tétano, a cólera e outras doenças em todo o mundo. Após a injeção da vacina, a pessoa fica muito ligeiramente doente e o seu sistema imunitário produz anticorpos contra o antigénio da doença armazenados nas células B de memória e, dependendo da semi-vida de cada anticorpo, pode ser necessário voltar a injetar a vacina. Quando a vacina é injectada no organismo sob a forma de anticorpo, cria imunidade passiva no organismo, que tem um tempo de vida muito curto, enquanto as vacinas utilizam normalmente células enfraquecidas ou antigénios de agentes patogénicos que resultam em imunidade ativa. É de salientar que a imunidade ativa dura muito mais tempo. Em geral, os mecanismos de imunidade podem ser divididos em grupos de imunidade ativa e passiva. Na imunidade ativa, o organismo é exposto ao agente patogénico diretamente (imunidade humoral e mediada por células) ou através de uma vacina, e produz anticorpos em resposta ao mesmo. Na imunidade passiva, o corpo recebe o anticorpo através da mãe ou através da injeção de um anticorpo ou medicamento externo, e o sistema imunitário não necessita de produzir anticorpos.

O papel do sistema imunitário no controlo do papilomavírus humano

Uma vez que o ciclo de vida do vírus ocorre nos queratinócitos em maturação e como resultado da libertação de viriões das células em descamação, o sistema imunitário tem um contacto mínimo com os antigénios do vírus. A resposta imunitária das células T é mais importante na regressão da infeção do hospedeiro infetado. No entanto, o sistema imunitário humoral pode impedir a propagação da infeção para um novo local no hospedeiro e reduzir a reinfeção. A regressão da infeção e a resistência à reinfeção é um fenómeno específico do tipo que está de acordo com o epítopo das proteínas do papilomavírus.

Em feridas múltiplas, com a remoção de uma ferida, outras feridas regridem, o que não é impossível e mostra uma resposta imunitária para libertar antigénios das feridas tratadas. Nestes doentes, existem algumas condições que afectam o seu sistema imunitário de células T, como a gravidez, a quimioterapia imunossupressora ou a infeção por VIH, que aumentam o risco de infeção por papilomavírus e o risco de cancro. Estas observações sugerem que o sistema imunitário, especialmente as células T, pode estar envolvido na evolução da infeção pelo papilomavírus. Vários antigénios virais podem gerar esta capacidade, que a heterogeneidade genética confere às respostas imunitárias humanas e que a infeção pelo papiloma é auto-restritiva na maioria das pessoas com uma imunidade adequada.

O modelo dos papilomavírus animais segue esta possibilidade. Com base em provas laboratoriais, as respostas imunitárias celulares a E1, E2, E6, E7 e L2 podem contribuir para a regressão das lesões. Nas mulheres, as respostas T-citotóxicas e T-helper ao papilomavírus E2, E6 e E7 do tipo 16 ocorrem frequentemente em doentes com uma história de lesões suprimidas. A ativação das respostas de interferão e o envolvimento dependente de E5 contribuem para a maturação do antigénio MHC de classe II. Níveis elevados de anticorpos neutralizantes produzidos pela vacinação com L1 VLP podem prevenir a infeção pelo vírus. Em condições normais, a prevenção da reinfeção pode depender da imunidade tanto das células T como das células B, uma vez que os níveis de anticorpos contra L1 podem estar associados à duração da infeção e não à sua regressão e, em algumas mulheres com úlceras que regrediram, os anticorpos contra L1 obtidos pelos métodos de neutralização e ELISA podem não ser observados. As provas sugerem que os polimorfismos dos antigénios de classe 1 e

2, Tap1, Tap2 e KIR podem predispor as pessoas a desenvolver displasia cervical e cancro. Além disso, verificou-se que a ocorrência natural da variante E6 do HPV-16, que é eficaz na sobrevivência de HLA-B7 limitada a epítopos CTL, cria menos imunidade nos cancros de mulheres com HLA-B7 positivo. Acredita-se que os alelos de classe 2 desempenham um papel importante na resposta do sistema imunitário à infeção por papilomavírus, e as informações obtidas sobre a infeção por CRPV em coelhos são uma prova a este respeito. Neste sistema animal, tanto a suscetibilidade como a resistência à infeção persistente e à progressão para cancro estão associadas a alelos de classe 2. Estas observações apoiam a ideia de que a restrição alélica específica está envolvida na ligação e apresentação dos antigénios do CRPV, que desempenham um papel essencial na determinação do resultado da infeção. Os doentes que desenvolvem um tumor relacionado com o papilomavírus correm o risco de desenvolver um tumor secundário relacionado com este vírus. Nos doentes que receberam um transplante de rim, esta associação é quase clara e está relacionada com a supressão do seu sistema imunitário.

Prevenção

A formação dos doentes, das pessoas infectadas e da população em geral pode ajudar a prevenir a infeção pelo papilomavírus e desempenhar um papel importante num programa de prevenção do cancro. Os preservativos protegem contra infecções genitais, mas podem transmitir o vírus a qualquer parte da pele exposta a ele. Os preservativos não podem ser 100% eficazes na prevenção do vírus.

Vacina utilizada para controlar o papilomavírus humano

Existem duas vacinas disponíveis para prevenir alguns tipos de infecções. Estas incluem Gardasil e Cervarix. Ambas previnem as infecções primárias dos tipos 16 e 18, que são a principal causa da maioria dos cancros relacionados com o vírus. Apesar dos seus tipos de alto risco (16 e 18), Gardasil protege contra os tipos 6 e 11 de baixo risco, que causam 90% das úlceras genitais. As vacinas têm poucos benefícios para as pessoas infectadas com os tipos 16 e 18 e para as mulheres que tiveram atividade sexual. Por esta razão, a vacina é inicialmente recomendada para pessoas que não foram expostas ao vírus. As mulheres devem continuar a fazer o rastreio do colo do útero, como os exames de Papanicolau, mesmo depois de receberem a vacina. O rastreio do cancro do colo do útero é recomendado para pessoas que tenham recebido a vacina e não tenham sofrido alterações. Tanto os homens como as mulheres são portadores do papilomavírus. Os benefícios e os efeitos da vacinação nos homens estão a ser investigados. Não foi efectuado qualquer estudo em crianças com idade inferior a 15 anos. Os efeitos da cervarix após 7,4 anos e os seus dados publicados até aos 6,4 anos foram comprovados, enquanto que para este período são cerca de 5 anos para a Gardasil. A idade de vacinação é inferior à duração do efeito benéfico.

Preservativo

O Centers for Disease Control (CDC) afirma que os homens que usam preservativo podem reduzir o risco de infeção pelo papilomavírus, mas têm um grau de proteção inferior ao das doenças sexualmente transmissíveis, uma vez que o papiloma é transmitido em áreas de contacto que não estão cobertas pelo preservativo (56). Estudos revelaram que a utilização regular de preservativos pode limitar a propagação e a resistência das infecções por papiloma aos locais genitais que já foram infectados, pelo que a utilização de um preservativo reduz o risco de desenvolver cancro ou úlceras genitais.

Microbicidas

Os investigadores recomendaram vários produtos químicos baratos que bloqueiam a transmissão do papilomavírus através de contactos sexuais. Estas substâncias são conhecidas como microbicidas tópicos e os seus efeitos estão a ser examinados. Um estudo recente indica que algumas marcas de óleos lubrificantes sexuais, designados por carragenina, previnem a infeção pelo papilomavírus em modelos animais. Como já foi referido, a epidemiologia das diferentes formas de infeção pelo papiloma é muito diferente. Assim, os modelos de controlo da infeção pelo papilomavírus são separados dos métodos de controlo da infeção não genital. O rastreio com um teste de Papanicolau pode prevenir a maioria dos cancros do colo do útero, o que indica que as consequências do papilomavírus para a saúde pública são graves. As medidas tomadas para prevenir a infeção pelo papilomavírus não foram bem sucedidas e os esforços de saúde pública para controlar outras doenças sexualmente transmissíveis parecem ser eficazes na prevenção da infeção genital pelo papilomavírus.

Tratamento

Atualmente, não existe um tratamento específico para a infeção pelo papilomavírus. Segundo o CDC Center, o sistema imunitário mata naturalmente o papilomavírus em 90% dos casos no prazo de dois anos. Alguns especialistas discordam que o vírus seja completamente eliminado ou que os seus níveis sejam significativamente reduzidos, e que seja difícil saber quando é que é contagioso. Na infeção pelo papilomavírus cervical, o tratamento da displasia de baixo grau geralmente não é garantido, e a maioria dessas lesões é eliminada espontaneamente. A displasia de alto grau apresenta lesões pré-cancerosas que dificilmente são recuperadas espontaneamente e o seu tratamento é recomendado para a prevenção do cancro do colo do útero. Dependendo do tratamento, a displasia cervical pode ser tratada através de métodos cirúrgicos, crioterapia, remoção electrocirúrgica da ansa ou laser. Nestes casos, podem ser utilizados testes de deteção do papilomavírus, uma vez que a maioria dos tratamentos bem sucedidos não contém o ADN do papilomavírus. Os estudos de vacinas terapêuticas em modelos pré-clínicos com várias proteínas não estruturais, incluindo E1, E2, E6 e E7, revelam alguns efeitos terapêuticos. A E6 e a E7 têm benefícios terapêuticos, uma vez que são expressas em todas as fases da infeção, incluindo a displasia de alto grau e o cancro, e a maioria das vacinas concentra-se nestas duas proteínas. A produção de respostas imunitárias eficazes na displasia de alto grau e no cancro é mais difícil do que na doença de baixo grau, porque os parâmetros imunitários são mais desordenados.

Tratamento das úlceras genitais

O objetivo do tratamento destas úlceras é a remoção da lesão. Os tratamentos convencionais nestes casos removem a maior parte das úlceras sintomáticas, mas nenhum tratamento único é ideal para todos os doentes. O tratamento deve basear-se nos sintomas, nas instalações e nas necessidades do doente. Estes tratamentos apenas removem a lesão, mas não removem a infeção pelo papilomavírus. O tratamento pode remover a úlcera ao longo do tempo, mas não erradica necessariamente a infeção. O desaparecimento espontâneo e a redução das lesões clínicas foram documentados e é impossível prever a sua erradicação. Além disso, o atraso no tratamento pode provocar o crescimento da lesão e tornar o tratamento mais difícil, mais longo e mais dispendioso. A taxa de recorrência das úlceras genitais não se altera com a presença ou ausência de condiloma no parceiro sexual, devido à não utilização de preservativo. O parceiro sexual não tem qualquer efeito na taxa de recorrência do condiloma acuminado nem no tempo de recorrência, pelo que não se justifica o rastreio de lesões subclínicas de uma pessoa que tem um parceiro sexual devido à complexidade e ao elevado custo do tratamento. Parece que a eliminação do condiloma é improvável entre as mulheres com risco de cancro.

Tipos de tratamentos

Os tratamentos disponíveis para a condilomatose incluem cirurgia, crioterapia, CAF, vapor laser, ácido tricloroacético, 5-fluorouracil, interferão, podofilotoxina, podofilox e imiquimod.

Cirurgia: É eficaz em 80 a 93% dos casos. A recorrência ocorre em 20 a 30% dos casos.

Crioterapia: É conveniente e económica e é eficaz em 63 a 89% dos casos, mas é difícil padronizar esta técnica.

CAF: É um bom tratamento para o condiloma vaginal e para as lesões do colo do útero. É eficaz em 72 a 90% dos casos e não é muito dispendiosa.

Evaporação de CO_2: É eficaz em 80 a 90% dos casos, mas é dispendiosa.

Ácido tricloroacético (concentração de 50 a 80%): A taxa de resposta inicial a este tratamento é de 70 a 81%, mas recorre em mais de 36% dos casos. Os riscos seguintes são elevados devido à sua elevada utilização e este método pode ser utilizado durante a gravidez.

Fluoroacrilato: É utilizado para o condiloma do ducto com um efeito de 60 a 90%.

Interferão: A injeção intralesional de interferão é eficaz até 80%. O interferão sistémico tem pouco efeito no tratamento do condiloma, mas a taxa de recorrência aumenta com a sua interrupção. Os efeitos secundários e o elevado custo do interferão sistémico levam à interrupção do tratamento.

Podofilina (concentração de 20 a 25%): É um tratamento tópico que pode ser utilizado pelo doente em casa. O tratamento dura 4 semanas e provoca o desaparecimento das lesões do condiloma acuminado em 70 a 90% dos doentes e o desaparecimento completo das lesões do condiloma em 45% a 68% dos doentes. A taxa de recorrência é de 7 a 38%, mas com base em alguns estudos, a lesão recorre em todos os doentes durante um longo período de tempo. A recorrência dos efeitos secundários é de 50 a 56%. Os efeitos secundários são temporários e geralmente moderados a graves.

Imiquimod (5%): Uma resposta moduladora que liberta a produção local de interferão alfa e gama e a recorrência de células imunitárias contendo CD4. Este processo suprime e destrói as úlceras e reduz o ADN celular. A taxa de desaparecimento completo das úlceras é de 45 a 62%.

Referências

1) Knipe, David M.; Howley, Peter M. Papillomaviruses and their replication, 2008 chapter 62, Fields Virology, 5th Edition; Lippincott Williams & Wilkins, Pages: 2299- 2354.

2) Parkin DM, Bray F, Ferlay J, Pisani P. Global cancer statisticsm, CA Cancer J Clin, 2005; 55: 74-108.

3) Nadji SA, Mokhtari-Azad T, Mahmoodi M, Yahyapour Y, et al, Relationship between lung cancer and human papillomavirus in north of Iran, Mazandaran province. *Cancer Lett*, 2007, 248: 41-46.

4) De Villers EM, Gissman L e zur Hausen H. Molecular cloning of viral DNA from human genital warts. J virol 1981; 40: 932-935.

5) Gissman L, Diehl V, Schultz-Coulon HJ e zur Hausen H. Molecular cloning and characterization of human papilloma virus DNA derived from a laryngeal papilloma.J Virol 1982; 44: 393-400.

6) Durst M, Gissman L, Ikenberg H e zur Hausen H. DNA do papilomavírus de um carcinoma cervical e sua prevalência em amostras de biópsia de cancro de diferentes regiões geográficas. Proc Natl Acad Sci USA 1983; 80: 3812-3815.

7) De Villire EM, Fauquet C, Broker TR, Bernard HU e zer Hausen H. Classification of papillomaviruses. Virologia 2004; 324: 17-27.

9) Tornesello ML, Monaco R, Nappi O, Buonaguro L, Buonaguro FM. Deteção de papilomavírus humanos mucosos e cutâneos em esofagite ,carcinoma de células escamosas e adenocarcinoma do esófago. Journal of Clinical Virology 2009; 45: 28-33.

10) Wynder EL, Bross IJ. A study of aetiological factors in cancer of the oesophagus. Cancro 1961; 14: 389-401.

11) Ribeiro U Jr, Posner MC, Safatle-Ribeiro AV, Reynolds JC. Risk factors for squamous cell carcinoma of the oesophagus. Br J Surg 1996; 83: 1174-85.

12) Munoz N, Day NE. Cancro do esófago. In: Schottenfeld D, Fraumeni JF, editores.Cancer Epidemiology and Prevention. New York: Oxford University Press; 1996. p: 681-706.

13) Yahyapour Y, Shamsi-Shahrabadi M, Mahmoudi M, Siadati S, Shefaei SH, Shokri-Shirvani J And etal, Evaluation of Human Papilloma Virus Infection in Patients with Esophageal Squamous Cell Carcinoma from Near the Caspian Sea, North of Iran. Asian Pac J Cancer Prev. 2012; 13: 1261-66.

14) Niakan M, Yarandi F, Entezar M, Human papillomavirus detection in biopsies from cervical cancer patients; a population-based study from Iran, Iranian Journal of Clinical Infectious Diseases, 2009; 4(1): 35-37.

15) Antonsson A, Erfurt C, Hazard K, Holmgren V, Simon M, Kataoka A e etal. Prevalência e espetro de tipos de papilomavírus humanos em amostras de pele saudável recolhidas em três continentes. J Gen Virol 2003;84.

16) Chan SY, Bernard H U, Ratterree M, Birkebak T A, Faras A J, e Ostrow R S. Genomic diversity and evolution of papillomaviruses in rhesus monkeys. J Virol 1997;71.

17) Crawford LV , Crawford E.M, A comparative study of polyoma and papilloma viruses. Virologia 1963;21.

18 (Hagensee ME , Olson N H, Baker T S, e Galloway D A. Three-dimensional structure of vaccinia virus-produced human papillomavirus type 1 capsids. J Virol 1994;68.

19) Yugawa T e Kiyono T. Molecular mechanisms of cervical carcinogenesis by high-risk human papillomaviruses: novel functions of E6 and E7 oncoproteins. Rev. Med. Virol. 2009; 19: 97-113.

20) Nadji SA, Mahmoudi M, Ziaee AA, Naghshvar F, Torabizadeh J, Yahyapour Y e etal, An increased lung cancer risk associated with codon 72 polymorphism in the TP53 gene and human papilomavirus in Mazandaran province, Iran. Lung Cancer, (2007) 56, 145-151.

21) Parkin D, Bray F, Devesa S, Cancer burden in the year 2000, the global picture, European Journal of cancer, 2001; 37: 44-66.

22) Hooseini SY, Moharran zadeh M, Ghadian AR, Hooshyar H, Lashay AR, Population-based screening for prostate cancer by measuring total serum prostate-specific antigen in Iran, Int J Urol, 2007; 14(5): 406-11

23) Farhadi M, Tahmasebi Z, Merat S, Kamangar F, Nasrollahzadeh D, Melakzadeh R. World J Gastroenterol 2005 Feb 28; 11 (8) : 1200-3.

24) Howley PM, Papillomaviridae: the viruses and their replication, In Fundamental Virology, Lippincolt Ravin Publishers: Philadelphia, 2001; 947-978.

25) Shamahmoudi S, Mahmoudi M, Mokhtari-Azad T, Samimi-Rad K, Tabatabaei H, Sarijlou M, Yahyapour Y e etal, Prevalência de tipos de papilomavírus humano nas mucosas em lesões cutâneas na parte norte do Irão. Cancer Letters, 247 (2007): 72-76.

26) Dodd JG, Paraskevas M, Mcnicol PJ, Detection of human papillomavirus 16 transciption in human prostate tissue, J Urol, 1993; 149(2): 400-2.

27) Edvin J, Aid Smap, 2006

28) Gazzaz FS, Mosli HA, Lack of detection of human papillomavirus infection by hybridization test in prostatic biopsies, Saudi Med J, 2009; 30(5): 633-7.

29) Gearwart P, Randal T, Buckley R, Human papillomavirus, medicina, 2004.

30) Gorner P, Seaweed extract may help halt cervical cancer, National Prevention Information Network.

31) Greer C, Wheeler CM, Lodner M, Coyne MY, Liang H, Langenberg A e etal, Human papillomavirus type disturbution and serological response to HPV 6 virus like particle in patient with genital warts, Journal of clinical microbiology, 2005; 33(8): 2058-63.

32) Sandy S.Tungteakkhun e Penelope J.Duerksen-Hughes. Parceiros de ligação celular da proteína E6 do papilomavírus humano. Arch Virol 2008;153.

33) Harper DM, Franco EL, Wheeler C e etal, grupo de estudo da vacina contra o HPV, 2006; 367,1247-1255.

34) Ganguly N, Parihar SP. As oncoproteínas E6 e E7 do papilomavírus humano como factores de risco para a tumorigénese. J Biosci 2009;34.

35) Ting-Ting Li, Li-Na Zhao, Zhi-Guo Liu, Ying Han, Dai-Ming Fan, Regulação da apoptose pelo oncogene E6 do papilomavírus. World J Gastroenterol 2005;11.

36) Holmes AT, Reid K, Levin R, Weaver M, Effectiveness of condoms in preventing sexually transmitted infections, Bull Worid Health Organ, 2004; 82(6): 454-61.

37) Anil Chaturvedi e Maura L. Gillison. Epidemiology, Pathogenesis, and Prevention of Head and Neck Cancer [Epidemiologia, Patogénese e Prevenção do Cancro da Cabeça e do Pescoço]. 2010.

38) Munger K, Howley PM. Funções de imortalização e transformação do papilomavírus humano. Virus Research 2002;89.

39) Conway MJ, Alam S, Ryndock EJ, Cruz L, Christensen ND, Roden RB e etal. Tissue-Spanning Redox Gradient-Dependent Assembly of Native Human Papillomavirus Type 16 Virions (Montagem dependente do gradiente redox de tecido dos viriões nativos do papilomavírus humano tipo 16). Vrology 2009.

40) Bryan JT, Brown DR, Transmission of Human Papillomavirus Type 11 Infection by Desquamated Cornified Cells. Vrology 2001; 281(1):35-42.

41) Rampias T, Boutati E, Pectasides E, Sasaki C, Kountourakis P, Weinberger P e etal. Ativação da Via de Sinalização Wnt pelos Oncogenes E6 e E7 do Papilomavírus Humano em Células de Carcinoma Escamoso Orofaríngeo HPV16-Positivo . Investigação molecular sobre o cancro 2010.

42) Lazo PA. A genética molecular do carcinoma do colo do útero. Br J Cancer 1999;80.

43) Blachon S, Demeret C, The regulatory E2 proteins of human genital papillomaviruses are pro-apoptotic. Biochimie 2003;85.

44 (Editar Akhom SV. Infeção pelo papilomavírus humano. 2005.

45) Depuydt CE, Vereecken AJ, Salembier GM, Vanbrabant AS, Boels LA, van Herck E e etal, Thin-layer liquid based cervical cytology and PCR for detection and typing papilloma virus DNA in flemish wimen. J Of Diagon Mol Pathol 2003, 88(4):560-6.

46) American College of Nurse Midwives (Colégio Americano de Enfermeiras Parteiras). Cervical cancer screening among low-income women: results of a national screening program, 1991-1995 (Rastreio do cancro do colo do útero em mulheres com baixos rendimentos:

resultados de um programa nacional de rastreio, 1991-1995). Journal of Nurse-Midwifery 1999;44.

47) Chatterjee R, Roy A, Basu S, Deteção de DNA de papilomavírus humano (HPV) de tipo específico em cancros do colo do útero de mulheres indianas. Indian J Pathol Microbiol 1995; 38(1):33-42.

48) Huang S, Afonina I, Miller BA, Beckmann AM, Human papillomavirus types 52 and 58 are prevalent in cervical cancer from Chinese women. International journal of cancer 1997; 70(4):408-11.

49) Dunne EF, Unger ER, Sternberg M, McQuillan G, Swan DC, Patel SS e etal, Prevalence of HPV Infection Among Females in the United States. JAMA 2007; 297(8):813-9.

50) Rebecca J. Greenblatt. Human papillomaviruses: Doenças, diagnóstico e uma possível vacina. Clinical Microbiology Newsletter 2005;27.

51) Sinal SH, Woods CR. Human Papillomavirus Infections of the Genital and Respiratory Tracts in Young Children (Infecções por Papilomavírus Humano dos Tratos Genital e Respiratório em Crianças Pequenas). Seminários em Doenças Infecciosas Pediátricas 2005; 16(4):306-16.

52 (Nektarios I. Lountzis e Omar Rahman, Digital Verrucae .N Engl J Med 2008;359.

53) Verrugas. http://www.nlm.nih.gov/medlineplus/warts.html#cat42 . 2012 .

54) Greer C E, Wheeler C M, Ladner M B, Beutner K, Coyne M Y, Liang H e etal, Human papillomavirus (HPV) type distribution and serological response to HPV type 6 like-virusparticles in patients with genital warts. J Clin Microbiol 1995;33, 2058-2063.

55) Peter A Gearhart . Papilomavírus humano . http://emedicine.medscape.com/article/219110-overview . 2012 .

56) http://www.cdc.gov/std/HPV . 2012 .

57) Wu R, Sun S, Steinberg BM, Requirement of STAT3 Activation for Differentiation of Mucosal Stratified Squamous Epithelium. Mol Med 2003; 9(3-4):77-84.

58) Moore CE, Wiatrak BJ, McClatchey KD, Koopmann CF, Thomas GR, Bradford CR e etal, High-Risk Human Papillomavirus Types and Squamous Cell Carcinoma in Patients with Respiratory Papillomas. Otolaryngol Head Neck Surg 1999; 120(5):698-705.

59) McNicol PJ, Dodd JG, Detection of human papillomavirus DNA in prostate gland tissue by using the polymerase chain amplification assay, Journal of clinical microbiology, 1990, 409-12.

60) Rosenblatt KA, Cater JJ, Iwasaki LM, Galloway DA, Stanford JL, Serologic evidence of human papillomavirus 16 and 18 infectious and risk of prostate cancer, cancer epidemiol Biomarkers Prev, 2003; 12(8): 763-8.

61) Giuliano A, Papenfuss M, Schneider A, Nour M e Hatch k, Risk factors for high-risk type human papillomavirus infection among Mexican-American women. Cancer Epidemiol Biomarkers Prev 1999;8, 615-620.

62) Quint WG, Scholte G, van Doorn LJ, Kleter B, Smits PH, Lindeman J, Comparative analysis of human papillomavirus infections in cervical scrapes and biopsy specimens by general SPF(10) PCR and HPV genotyping. J Pathol, 194(1):51-8.

63) Donald Maxwell Parkin. The global health burden of infection-associated cancers in the year 2002 (O peso global para a saúde dos cancros associados à infeção no ano 2002). Jornal Internacional do Cancro 2006;118.

64) Gomez F, Corcuera MT, Munoz E, Roldan M, Alonso MJ, Abad M e etal, Diagnosis of genital infection caused by human

papillomavirus using in situ hybridisation: the importance of the size of the biopsy specimen. J Clin Pathol 1995; 48(1):57-8.

65) Cerovac Z, Sarcevic B, Kralj Z, Ban J, Detection of human papillomavirus (HPV) type 6, 16 and 18 in head and neck squamous cell carcinomas by in situ hybridization. Neoplasma 1996; 43(3):185-94.

66) Kreuger FA, Beerman H, Nijs HG, van Ballegooijen M, Positive diagnostic values and histological detection ratios from the Rotterdam cervical cancer screening programme. Int J Epidemiol 1998; 27(3):377-81.

67) Herrington CS, Evans MF, Gray W, McGee JO. Correlação morfológica da infeção pelo papilomavírus humano em esfregaços cervicais e biópsias de pacientes com anomalias citológicas cervicais ligeiras persistentes. Hum Pathol 1995; 26(9):951-5.

68) Bosch FX, Munoz N, de Sanjose S, Human papillomavirus and other risk factors for cervical cancer. Biomedicina & Farmacoterapia 1997;51.

69) Evander M, Edlund K, Boden E, Gustafsson A, Jonsson M, Karlsson R e etal, Comparison of a one-step and a two-step polymerase chain reaction with degenerate general primers in a population-based study of human papillomavirus infection in young Swedish women. J Clin Microbiol 1992;30.

70) Walboomers JM, Jacobs MV, Manos MM, Bosch FX, Kummer JA, Shah KV e etal, Human papillomavirus is a necessary cause of invasive cervical cancer worldwide. J Pathol 1999; 189(1):12-9.

71) Merkelbach-Bruse S, Jakob C, Tietze L, Schroder W, Rath W, Fuzesi L, Consensus polymerase chain reaction and linked-enzyme

immunosorbent assay for human papillomavirus detection and typing in cervical specimens. Diagn Mol Pathol 1999;8.

72) Safarinejad M, Population-based screening for prostate cancer by measuring free and total serum prostate-specific antigen in Iran, Urology nephrology Research Center, Shaheed beheshti University Of Medical Science, Tehran, Iran, Annals of Oncology, 2006; 17: 1166-71.

73) Sabine M, Christiane J, Lothar T, Willibald S, Werner R, Laszlo F, Consensus polymerase chain reaction and linked-enzyme immunosorbent assay for human papillomavirus detection and typing in cervical specimens. Diagn Mol Pathol 1999;8.

74) Sprenger E, Schwarzmann P, Kirkpatrick M, Fox W, Heinzerling RH, Geyer JW e etal, False negative rate in cervical cytology. J Clin Pathol 1987;40.

75) Corden S, Sant-Cassia L J, Easton A J, e Morris A G, The integration of HPV-18 DNA in cervical carcinoma, Mol Pathol. 1999; 52(5): 275-282.

76) Schneider DL, Herrero R, Bratti C, Greenberg MD, Hildesheim A, Sherman ME e etal, Cervicography screening for cervical cancer among 8460 women in a high-risk population, Am J Obstet Gynecol, 1999;180(2 Pt 1):290-8.

77) Fischer N, Hellwinkel O, Schuls C, Chun F, Huland H, Aepfelbacher M e etal, Prevalence of human gammaretrovirus XMRV in sporadic prostate cancer, Journal of Clinical Virology, 2008; 4: 277-83.

78) Niakan M, Eftekhar Z, Jamali M, Golalipour F, Faghihzadeh S, Jalali M, Human papillomavirus genotype as a major determinant of the course of cervical cancer, Yakhte Medical Journal, 2004; 154-157.

79) Ellis JR, Keating PJ, Baird J, Hounsell EF, Renouf DV, Rowe M e etal, The association of an HPV16 oncogene variant with HLA-B7 has

implications for vaccine design in cervical cancer. Nat Med 1995; 1(5):464-70.

80) Breitburd F,Ramoz N,Salmon J,Orth G, HLA control in the progression of human papillomavirus infections. Semin Cancer Biol 1996;7(6), 359-371.

81) Dunne EF, Nielson CM, Stone KM, Markowitz LE, Giuliano AR, Prevalence of HPV Infection among Men: A Systematic Review of the Literature. Journal of Infectious Diseases 2006; 194(8):1044-57.

82) O papilomavírus humano (HPV) e os homens: Perguntas e Respostas. http://www.phac-aspc.gc.ca/std-mts/hpv-vph/hpv-vph-man-eng.php . 2012 .

83) Tseng CJ, Tseng LH, Lai CH, Soong YK, Hsueh S, Pao CC, Identification of human papillomavirus types 16 and 18 deoxyribonucleic acid sequences in bulky cervical cancer after chemotherapy. American Journal of Obstetrics and Gynecology 1997; 176(4):865-9.

84) Mougin C, Dalstein V, Pretet JL, Gay C, Schaal JP, Riethmuller D, Epidemiology of cervical papillomavirus infections. Presse Med 2001;30(20):1017-23.

85) Namkoong SE. Aplicação clínica da tipagem do HPV no cancro do colo do útero. Int J Gynaecol Obstet 1995;4.

86) Neves D, Camara G, Alencar T, CruzM, Martins C, Carvalho L. Prevalência do papilomavírus humano no carcinoma de pênis. Revista Brasileira de Urologia 2002; 28 (3): 221-226.

87) Rattray C, Strickler HD, Escoffery C, Cranston B, Brown C, Manns A e etal, Type-specific prevalence of human papillomavirus DNA among Jamaican colposcopy patients. J Infect Dis 1996; 173(3):718-21.

88) Gjoen K, Sauer T, Olsen A e Orstavi K. Correlation between polymerase chain reaction and cervical cytology for detection of human papillomavirus infection in women with and without dysplasia. APMIS 1997;105.

89) Krul K, Schipper R, Schreuder G, Fleuren G, Kenter G, e Melief C, HLA and susceptibility to cervical neoplasia. Hum Immunol 1999;60.

90) Pao CC, Hor JJ, Yang FP, Lin CY, Tseng CJ, Deteção do mRNA do papilomavírus humano e de células cancerosas do colo do útero no sangue periférico de doentes com cancro do colo do útero com metástases. J Clin Oncol 1997; 15(3):1008-12.

91) Park J, Sun D, Genest DR, Trivijitsilp P, Suh I, Crum CP, Coexistence of low and high grade squamous intraepithelial lesions of the cervix: morphologic progression or multiple papillomaviruses?, Gynecol Oncol 1998; 70(3):386-91.

92) Quade M, Annie Yang B, Wang Y, Sun D, Park J, Sheets E e etal, Expression of the p53 homologue p63 in early cervical neoplasia. Gynecol Oncol 2001;80.

93) Mitchell H MG. Diferenças entre esfregaços de Papanicolaou falso-negativos e positivos-verdadeirona revisão assistida por Papnet. Diagn Cytopathol 1998;19.

94) Reeves W, Rawls W e Brinton L, Epidemiology of Genital Papillomaviruses and Cervical Cancer. Clin Infect Dis 1989;11.

95) Merkelbach-Bruse S, Jakob C, Tietze L, Schröder W, Rath W, Füzesi L, Consensus polymerase chain reaction and linked-enzyme immunosorbent assay for human papillomavirus detection and typing in cervical specimens. Diagn Mol Pathol 1999; 8(1):32-8.

96) Doorbar J. The papillomavirus life cycle. J Clin Virol 2005;32.

97) LISA G, LINDA A, JOANNE G, LEIGH J, Answering Frequently Asked Questions About HPV. Sexually Transmitted Diseases 2003;30.

98) Cancro do Colo do Útero. http://web.archive.org/web/20080219151934/http:/www.cancer.org/docroot/CRI/content/CRI_2_4_2X_What_are_the_risk_factors_for_cervical_cancer_8.asp . 2012 .

99) Zielinski G, Bais A, Helmerhorst Th, Verheijen R, De Schipper F, Snijders P e etal, HPV testing and monitoring of women after treatment of CIN 3: review of the literature and meta-analysis. Obstet Gynecol Surv 2004;59.

100) Davidson EJ, Boswell CM, Sehr P, Pawlita M, Tomlinson AE, McVey RJ e etal, Immunological and clinical responses in women with vulval intraepithelial neoplasia vaccinated with a vaccinia virus encoding human papillomavirus 16/18 oncoproteins. Cancer Res 2003;63.

101) Gavillon N, Vervaet H, Derniaux E, Terrosi P, Graesslin O, Quereux C, [Como é que contraí o papilomavírus humano (HPV)? Gynecol Obstet Fertil 2010; (3):199-204.

102) Gavillon N, Vervaet H, Derniaux E, Terrosi P, Graesslin O, Quereux C. Como é que contraí o papilomavírus humano (HPV)? Gynécologie Obstétrique & Fertilite 2010; 38(3):199-204.

103) Progresso para a implementação da vacinação contra o papilomavírus humano ---nas Américas, 2006-2010. http://www.cdc.gov/mmwr/preview/mmwrhtml/mm6040a2.htm.2012.

104) Markowitz L, Dunne E, Saraiya M, Lawson H, Chesson H, Unger E. Quadrivalent Human Papillomavirus Vaccine . http://www.cdc.gov/mmwr/preview/mmwrhtml/rr5602a1.htm.2012.

105) Harper D. Current prophylactic HPV vaccines and gynecologic premalignancies. Opinião atual em obstetrícia e ginecologia 2009;21.

106) Anna-Barbara Moscicki. Impacto da infeção por HPV em populações adolescentes. Jornal de Saúde do Adolescente 2005;37.

107) Zielinski G, Bais A, Helmerhorst TH, Verheijen R, De Schipper F, Snijders P, Voorhorst F, e etal, HPV type concordance in sexual couples determines the effect of condoms on regression of flat penile lesions. Br J Cancer 2005;92.

108) Frenzel, A., Schirrmann, T. & Hust, M. Anticorpos humanos derivados de exibição de fagos em desenvolvimento clínico e terapia. *MAbs* 8, 1177-1194 (2016).

109) Almagro, J. C., Pedraza-Escalona, M., Arrieta, H. I. & Pérez-Tapia, S. M. Bibliotecas de exibição de fagos para descoberta e desenvolvimento terapêutico de anticorpos. *Anticorpos (Basileia)* 8, 44 (2019).

110) Todd, C. G. *et al.* An observational study on passive immunity in Irish suckler beef and dairy calves: tests for failure of passive transfer of immunity and associations with health and performance. *Prev. Vet. Med.* 159, 182-195. https://doi.org/10.1016/j.prevetmed.2018.07.014 2018.

111) Howett MK, Kuhl JP. Microbicidas para a prevenção da transmissão de doenças sexualmente transmissíveis. Atual Pharmaceutical Design 2005;11.

112) The Cancer Genome Atlas Research Network et al. Caracterização genómica e molecular integrada do cancro do colo do útero. *Nature* **543**, 378-384, 2017.

113) Huang, L. M. et al. Sustained immunogenicity of 2-dose human papillomavirus 16/18 AS04-adjuvanted vaccine schedules in girls aged 9-14 years: a randomized trial [Imunogenicidade sustentada de esquemas de vacinas com adjuvante de 2 doses contra o papilomavírus humano 16/18 AS04 em raparigas de 9-14 anos]. *J. Infect. Dis.* **215**, 1711-1719 ,2017.

114) McGee, M. & Earley, B. Review: passive immunity in beef-suckler calves. *Animal* 13, 810-825. https://doi.org/10.1017/S1751731118003026 ,2019.

MIX
Papier aus verantwortungsvollen Quellen
Paper from responsible sources
FSC® C105338

Printed by Books on Demand GmbH, Norderstedt / Germany